DER LOOP-APPROACH

Lesen, wie, wann und wo Sie wollen!

ZU DIESEM BUCH ERHALTEN SIE DAS E-BOOK EINFACH MIT DAZU

1. Öffnen Sie die **Webseite** www.campus.de/ebookinside.
2. Geben Sie unter der Überschrift »E-Book inside« folgenden **Download-Code** in das Eingabefeld ein, um

   Ihr E-Book zu erhalten: MW3P93RF4F

3. Wählen Sie das gewünschte E-Book-**Format** (EPUB oder PDF).
4. Füllen Sie das Formular aus und mit dem Klick auf den Button am Ende des Formulars erhalten Sie Ihren persönlichen **Download-Link** für das ausgewählte E-Book-Format per E-Mail.

Der LOOP Approach

Campus Verlag
Frankfurt / New York

MIX
Papier | Fördert gute Waldnutzung
FSC® C089473
www.fsc.org

ISBN 978-3-593-51621-9 Print
ISBN 978-3-593-45171-8 E-Book (PDF)
ISBN 978-3-593-45170-1 E-Book (EPUB)

Kontakt: Werderstr. 10, 69469 Weinheim
Co-Autor der deutschen Fassung: Martin Wiens
Layout & Illustrationen: Studio Dominik Wagner, Berlin/Janosch Jansen, Berlin
Titelillustrationen: Robert Löbel, Berlin
Umschlaggestaltung: total italic, Thierry Wijnberg, Amsterdam/Berlin nach einem Entwurf von Dominik Wagner
Satz: Fotosatz L. Huhn, Linsengericht
Gesetzt aus der Roboto und der Skolar
Druck und Bindung: Beltz Grafische Betriebe GmbH, Bad Langensalza
Beltz Grafische Betriebe ist ein klimaneutrales Unternehmen (ID 15985-2104-1001).
Printed in Germany

www.campus.de

VORWORT ZUR 2. AUFLAGE MENSCHEN IN BEWEGUNG BRINGEN

Als wir die erste Version dieses Buchs geschrieben haben, war unser Anspruch, Inhalt zu entwickeln, der Menschen in Bewegung setzt: sie dazu anstupst, ihre Zusammenarbeit von innen heraus zu verändern.

Unsere Leitfrage war also: Kann ein gut gemachtes Buch so viel Wucht haben, dass es Menschen tatsächlich dazu bringt, aktiv zu werden?

Heute wissen wir: Ja, kann es. Seitdem im Herbst 2019 die erste Ausgabe dieses Buchs erschienen ist, ist viel passiert: Dutzende von Organisationen haben sich auf die Loop-Transformationsreise gemacht. Hunderte Teams haben mit dem Ansatz gearbeitet. Und tausende Menschen haben das Buch mit zur Arbeit genommen, um dort einfach anzufangen, Kleinigkeiten zu verändern.

Längst ist dieses Buch nicht mehr nur ein Buch. Um den *Loop-Approach* hat sich eine Community entwickelt: Über 300 Menschen haben die 10-tägige Ausbildung zum Loop-Fellow absolviert. Viele von ihnen kamen 2022 erstmalig zum Loop Fellow Forum zusammen, um sich über die Anwendung und Weiterentwicklung des *Loop-Approach* auszutauschen.

All diese Menschen tragen den Loop hinaus in die Welt. Und viele von ihnen haben wertvolles Feedback gegeben und ihre eigenen Gedanken eingebracht. Der Loop-Baukasten war von Anfang an so gedacht, dass er sich kontinuierlich weiterentwickelt. Dank der Mitarbeit vieler, vieler Menschen ist es nun also Zeit für ein Update. Es soll die Erkenntnisse der letzten Jahre integrieren.

Was sich konkret geändert hat:

- Wir haben neue Übungen und Beispiele aus der Praxis ins Buch integriert.
- Wir haben kleinere Fehler korrigiert und Passagen überarbeitet, zu denen wir neues Wissen gewonnen haben.
- Wir haben die beispielhaften Workshop-Agenden der drei Loop-Module an die gelebte Praxis angepasst.
- Wir haben die Sprache und Bilder im Buch inklusiver gestaltet und den Gebrauch englischer Begriffe reduziert.
- In einem neuen Buchteil stellen wir drei Praxisbeispiele aus der Loop-Transformationsarbeit im Detail vor.

Dieses Buch ist gedacht als ein Arbeitsbuch, das den aktuellen Stand abbildet und mit dem du direkt loslegen kannst. Wir hoffen, dich damit in deinem Vorhaben unterstützen zu können. Falls du Feedback und Fragen hast oder Teil der Community werden möchtest, freuen wir uns, von dir zu hören. Schreib uns einfach an: hi@loopapproach.com

Berlin, Januar 2023

DENGLISCH

Der Titel dieses Buches lässt es schon vermuten: Der *Loop-Approach* ist nicht allein für deutsche Nutzer*innen gemacht, sondern ein Produkt für Organisationen auf der ganzen Welt. Im Englischen heißt unser Ansatz *The Loop Approach*, im Deutschen *Der Loop-Approach*. Wir haben uns aufgrund der Wiedererkennbarkeit dagegen entschieden, den *Loop-Ansatz* daraus zu machen.

Die Frage, wie viel Denglisch wir euch zumuten können, hat uns an vielen Stellen im Buch beschäftigt. Klar ist, dass wir unsere Sprache nicht unnötig verkomplizieren wollen. Wir versuchen, so klar zu schreiben, dass das, was wir sagen wollen, für alle Leser*innen gut verständlich ist – auch für diejenigen, die in ihrem Alltag nicht ständig mit den Begrifflichkeiten aus der neuen Arbeitswelt in Kontakt kommen. Und doch ist es so, dass es mitunter Sinn ergibt, Lehnwörter aus dem Englischen zu verwenden, weil sie manchmal treffender und prägnanter zum Ausdruck bringen, worum es uns geht.

Damit ihr nicht ständig Begriffe googlen müsst, gibt es am Ende des Buches ein Glossar, in dem viele der englischen und auch andere wichtige Begriffe zum Nachschlagen aufgeführt sind.

DU BIST HIER

TEIL 1

EINSTIEG

TEIL 2

Der LOO

Approach

TEIL 3

FALLSTUDIEN

TEIL 4

ABSCHLUSS

TEIL 1

EINSTIEG

CHECK-IN

Gute Arbeit beginnt für uns mit einem Check-in: durchatmen, ankommen, sich sammeln. Im Check-in tauschen wir uns darüber aus, wie wir gerade da sind. Dabei geht es nicht um das Fortbewegungsmittel, mit dem wir hergekommen sind. Sondern darum, was uns gerade beschäftigt und möglicherweise davon abhält, mit voller Aufmerksamkeit anwesend zu sein. Wir nutzen den Check-in auch dazu, uns gegenseitig darüber zu informieren, was wir uns von der Zeit, die wir miteinander verbringen, erhoffen.

Meist stellen wir zu Beginn ein bis zwei Fragen, die jeder kurz beantwortet. Dazu möchten wir nun auch dich einladen. Denn im besten Fall fühlt sich das Lesen dieses Buches so an, als würden wir miteinander arbeiten.

Wie bist du heute hier?
Was muss dieses Buch leisten, damit die Zeit, die du mit ihm verbringst, ein voller Erfolg war?

Nimm dir ein wenig Zeit, um die Fragen zu beantworten.

So sind *wir* hier: freudig aufgeregt. Denn genau wie du sind wir Teil eines Wandels, der sich gerade in der Welt der Arbeit vollzieht. Dieser Wandel rüttelt an den Grundfesten der menschlichen Zusammenarbeit.

Wir stecken mitten in der größten Umwälzung der Arbeitswelt seit der Industriellen Revolution. An die Stelle starrer Hierarchien treten neue, flexiblere Organisationsmodelle. Wie es Revolutionen so an sich haben: Es führt kein Weg an ihnen vorbei. Genau wie heute keine Welt ohne Elektrizität, Flugzeuge oder das Internet mehr denkbar wäre, werden auch bald neue Organisationsmodelle zum Status quo gehören. Und wo heute in Geschichtsbüchern Dampfmaschinen und Faxgeräte abgebildet sind, werden bald auch Zeichnungen und Beschreibungen von starren Hierarchien zu finden sein.

Falls du jemals in einer klassischen Managementhierarchie gearbeitet hast, weißt du, dass dieser Wandel hin zu neuen, flexibleren Organisationsmodellen dringend notwendig ist. Bis vor Kurzem schien es noch, als sei die *Pyramide*[1] das einzige Modell, mit dem sich große Gruppen von Menschen organisieren ließen. Jetzt geht ihre Zeit zu Ende. Das hat viele Gründe, von denen die folgenden drei uns besonders wichtig sind:

Studien zeigen, wie wenig motivierend die meisten Menschen die Arbeit in einer starren Hierarchie empfinden. Immer weniger junge, gut ausgebildete Mitarbeiter*innen sind bereit, als Befehlsempfänger*innen darin mitzuwirken. In Zeiten, da Menschen nicht mehr zwingend an ein Unternehmen gebunden sind, stellen sie andere Anforderungen an Potenzialentfaltung, Flexibilität und Sinn am Arbeitsplatz.

1 | Hiermit meinen wir, etwas vereinfachend, die alte Managementhierarchie.

Starr hierarchische Unternehmen sind zu langsam und zu schwerfällig, um im Wettbewerb mit jungen, agilen Unternehmen bestehen zu können. Letztere stellen sich viel schneller auf neue Bedingungen ein und entwickeln Geschäftsmodelle und ganze Firmenzweige in einer atemberaubenden Geschwindigkeit. Der Siegeszug von Firmen wie Amazon, Facebook und Google zeigt, wie schnell aus einem belächelten Start-up, das aus einer Garage heraus operiert, ein weltumspannender Konzern werden kann.

Eine weitere Ebene herausgezoomt zeigt sich: Unsere Welt braucht bessere Organisationen. Wir sind überzeugt davon, dass viele globale Probleme wie Klimawandel oder wachsende soziale Ungleichheit auch damit zu tun haben, dass unsere Organisationen noch in der Vergangenheit leben. Amazon und Facebook sind sicher keine guten Beispiele dafür, wie Unternehmen ihre Macht für das Gute einsetzen (allerdings dafür, wie effektiv Organisationen sein können). Doch wir sehen eine Vielzahl an Unternehmen entstehen, die sich an einem größeren Sinn orientieren und etwas Gutes in die Welt tragen. Frédéric Laloux' Buch *Reinventing Organizations* hat viele dieser Unternehmen bekannt gemacht. In unserer eigenen Arbeit sehen wir wöchentlich neue Unternehmen des Schlags von Patagonia, Buurtzorg und Zappos entstehen. Und wir sehen, wie auch in großen Konzernen einzelne Bereiche es schaffen können, sich mit neuen Strukturen neu zu erfinden.

Ein neues Mindset

Was wir gerade erleben, ist der Übergang von einem dominanten Organisationsprinzip zum nächsten. Die alte Managementhierarchie wird abgelöst von agilen, netzwerkartigen Organisationen. Eine neue Generation von Firmen tritt in die Welt, die ganz selbstverständlich neue Betriebssysteme[2] für die Zusammenarbeit findet. Sie bedient sich fertiger Lösungen wie Holacracy[3] oder baut sich einfach eigene Modelle. Gleichzeitig existieren noch viele Firmen, die basierend auf den alten Prinzipien gegründet wurden – und für die eine Umstellung auf ein neues Betriebssystem alles andere als einfach ist.

So schön die Analogie zu Betriebssystemen von Computern auch ist, eine Organisation lässt sich nicht per Knopfdruck über Nacht updaten. Je älter und größer das Unternehmen, desto aufwändiger und schmerzhafter verläuft auch die Transformation. Gehen also die alten Tankschiffe alle unter? Oder ist es möglich, sie zu transformieren und auf ein neues Betriebssystem upzudaten? Kann ein Tankschiff agil und beweglich werden?

Einfach beantworten lassen sich diese Fragen bisher nicht. Damit eine solche Transformation gelingen kann, braucht es nicht nur eine neue Hülle, sondern auch einen Mindset-Wandel. Die klassische Managementhierarchie

2 Dieser Begriff wird in unserem New-Work-Glossar am Ende des Buchs ausführlich erläutert. Für den Moment reicht es zu verstehen, dass damit die Grundregeln gemeint sind, auf deren Basis ein Unternehmen sich steuert.

3 Holacracy ist eine Art Software für Organisationen, mit der die alten Machtstrukturen ersetzt werden. Im nächsten Teil dieses Buches folgt eine etwas ausführlichere Erklärung.

ist geprägt vom sogenannten *Command-and-control-* oder auch *Predict-and-control-*Mindset. Das bedeutet, dass an der Spitze der Hierarchie Pläne geschmiedet werden, die von den unteren Rängen der Pyramide ausgeführt werden, kontrolliert und überwacht durch Management-Zwischenschichten.

Was sich mit den neuen Organisationsmodellen nun mehr und mehr durchsetzt, ist ein Mindset, das als *sense and respond* beschrieben wird. Hier geht es nicht mehr darum, dass eine schlaue Instanz oben auf der Spitze der Pyramide sitzt und für alle anderen Entscheidungen trifft. Stattdessen wird die Macht, Informationen aufzunehmen und Entscheidungen zu treffen, über die gesamte Organisation hinweg verteilt. Ihre Mitglieder sind auf einmal allesamt fühlende Sensoren, die ständig Signale aus der Umwelt aufnehmen und auf Veränderungen reagieren, ohne sich zuvor das Okay einer Führungskraft zu holen. Mit dem Effekt, dass auf einmal jede Stunde Tausende kluge Entscheidungen überall in der Organisation getroffen werden. Und zwar von den Menschen, die sich in ihrem Bereich am besten auskennen.

Das ist ein gigantischer Paradigmenwechsel. Große Organisationen von Menschen beherrschen die Welt, und nun soll sich auf einmal das vorherrschende Organisationsprinzip ändern? Und wie genau ändert man eigentlich ein Mindset? Und zwar bei Hunderten oder gar Hunderttausenden Mitarbeiter*innen?

Von Misserfolgen und Erfolgen

Kein Wunder, dass diese Umwälzungen zu einer großen Unsicherheit, zu Schmerzen, teilweise sogar zu Panik führen. Das wird noch dadurch verstärkt, dass Keynote-Speaker*innen und klassische Wirtschaftsmagazine gerne die Misserfolgsgeschichten erzählen: von Organisationen, die sich dem Wandel gestellt haben und gescheitert sind, die agiler und selbstorganisiert werden wollten, am Ende aber vor allem chaotischer geworden sind, oder die nach ersten Erfolgen auf Probleme stießen, mit denen keiner gerechnet hatte.

Häufig fallen diese Geschichten nur so negativ aus, weil sie auf der Annahme basieren, dass es schon heute die eine perfekte Antwort auf die Frage geben muss, wie Organisationen in Zukunft aussehen. Mit einer leichten Kontextverschiebung lassen sich die vermeintlichen Misserfolgs- auch als Teilerfolgsgeschichten lesen: als mutige Versuche, neues Terrain zu beschreiten, für das es noch keine festen Wege gibt.

Eine häufig erzählte Geschichte ist die von Zappos, dem 1999 gegründeten amerikanischen Online-Schuhversand und Vorbild des deutschen Versandhändlers Zalando. Bereits 2013 führte Zappos Holacracy ein, und viele Außenstehende feierten den mutigen Schritt, die Manager*innen im Unternehmen abzuschaffen und durch Rollen zu ersetzen.

Nach ersten Erfolgen traten jedoch Probleme auf. Eine Organisation mit 1500 Mitarbeiter*innen zu transformieren und auf ein neues Organisationsmodell auszurichten, war schwieriger als gedacht. Viele gelernte Verhaltensweisen müssen über Bord geworfen werden. Und das ist alles andere als einfach: Der Prozess erwies sich als aufwändig, kontrovers und nicht linear. Mitarbeitende verließen das Unternehmen, Zappos verabschiedete sich teilweise wieder von Holacracy – und heute, über zehn Jahre nach Beginn der Transformation, ist sie noch lange nicht abgeschlossen.

Viele Wege führen nach … Rom?

Natürlich lässt sich der Prozess von Zappos bequem zum Negativbeispiel dafür erheben, dass Betriebssysteme jenseits der klassischen Hierarchie nicht funktionieren. Wer so denkt, hat aber sehr vereinfachte Vorstellungen davon, wie sich Wandel in komplexen Umgebungen vollzieht. Transformation bedeutet nicht, ein fertiges Modell eins zu eins über eine Organisation zu stülpen und zu erwarten, dass alles klappt wie geplant. So verläuft Transformation im alten *Predict-and-control*-Mindset. Das Beispiel von Zappos zeigt aber: Der Weg zur Transformation erfordert ein neues Mindset, nämlich *sense and respond*. Es geht darum, unterwegs zu lernen, alte Annahmen zu verwerfen und immer nach dem sinnvollen nächsten Schritt zu suchen. Transformation ist ein fortwährender Prozess.

Unser Modell, der *Loop-Approach*, soll dabei helfen, einen solchen Prozess ins Leben zu bringen und zu begleiten. Es bietet ausdrücklich keine Blaupause für eine erfolgreiche Transformation, hilft aber dabei, eine solche zu planen und durchzuführen. Der *Loop-Approach* bringt Struktur in etwas, das sich nicht vollständig planen lässt; er bietet einen klaren Prozess und ist trotzdem so offen, dass die spezifischen Bedürfnisse einer Organisation in ihm Raum finden.

Warum es dieses Buch gibt

Wir haben in den letzten Jahren viel gelesen, viel an uns selbst ausprobiert und viel mit Kund*innen und Partner*innen an der Frage gearbeitet, wie die Transformation eines bestehenden Systems gelingen kann. Der Prozess ist komplex und nicht linear, und vielen Organisationen, die noch im alten Mindset leben, fällt es schwer, ihn zu begehen. Sie fühlen sich oft überfordert angesichts der Vielzahl neuer Begriffe und Tools, die ihnen ständig von Berater*innen zugerufen werden: Was hat *agil* mit Selbstorganisation zu tun? Muss jedes Unternehmen *beidhändig*[4] sein, und müssen alle Mitarbeiter*innen zu Design-Thinkern werden? Wo sind Ansätze wie Holacracy wirklich neu und hilfreich, und wo machen sie die Dinge nur komplizierter, als sie es ohnehin schon sind?

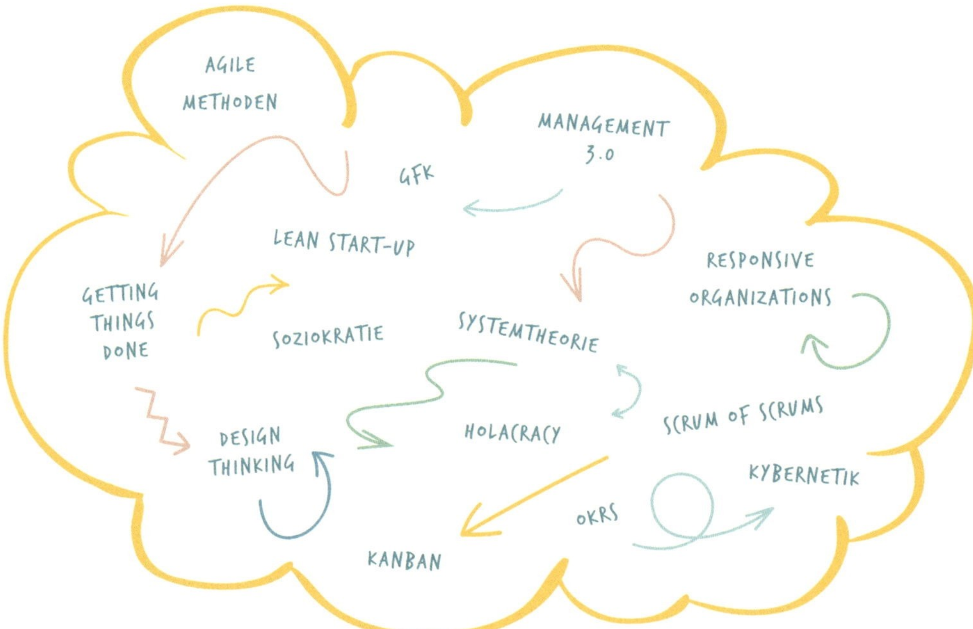

4 Organisationale Ambidextrie, zu Deutsch Beidhändigkeit, ist eines der Modewörter, die derzeit durch Beratungspräsentationen geistern und manchmal mehr Verwirrung als Nutzen stiften. Gemeint ist die Fähigkeit eines Unternehmens, gleichzeitig effizient und flexibel zu sein, gleichzeitig bekannte und neue Wege in den unterschiedlichen dort geforderten Gangarten begehen zu können.

In diesem Buch stellen wir unser Modell vor, das Transformationen jeder Größe handhabbar machen soll. Wir zeigen, welche Tools und Verhaltensweisen die Transformation hin zur Organisation der Zukunft unterstützen können, und wie das »neue Mindset«, von dem so viele Berater*innen und Manager*innen derzeit reden, ganz konkret aussehen kann.

Der übliche Wandlungsprozess

Unser *Loop-Approach* hilft Organisationen dabei, sich selbst zu transformieren. Er beantwortet dabei nicht so sehr die Frage des *Was (am Ende herauskommt)*, sondern vor allem die Frage des *Wie (wir dorthin kommen)*. Oftmals schielen Unternehmen nämlich viel zu sehr in Richtung des *Was*, sie wollen Kreise aufmalen, Gilden gründen und allen Teams Scrum-Master verordnen. Dabei liegt der Schlüssel im *Wie*, und für diese Frage stellen wir nützliche neue Tools vor.

Der Loop-Approach

Wie heißt eigentlich die Organisation der Zukunft?

Falls du im Kontext der Organisationsentwicklung bewandert bist, wirst du dich vermutlich schon fragen, welcher Begriff unserer Meinung nach der *richtige* ist, um die Organisation der Zukunft zu beschreiben. Es gibt da draußen jede Menge Vorschläge dafür, wie sie heißen könnte: Frédéric Laloux nennt sie *teal* (oder zu Deutsch: petrol), an anderer Stelle geht es um *agile* Organisationen oder auch Selbstorganisation. Im Buch *Brave New Work: Are You Ready to Reinvent Your Organization?* sind die Organisationen der Zukunft *evolutionär*, andere sprechen von *next level organizations* oder Organisationen neuen Typs. Vermutlich bekommst du beim Lesen direkt Kopfschmerzen. Für uns ist es unwichtig, wie wir die Organisation der Zukunft nennen und die Suche nach dem einen, richtigen Titel ist ziemlich *predict-and-control*-mäßig. Der *Loop-Approach* rückt den Prozess in den Fokus und nicht so sehr dessen Ergebnis. Denn das Ergebnis sieht bei jeder Transformation anders aus. Deshalb weigern wir uns auch, uns auf eine Bezeichnung festzulegen. Wenn du also beim Lesen des Buches auf unterschiedliche Label stößt, wundere dich nicht: Wir meinen damit im Grunde die gleiche Sache.

Bevor es losgeht

Mit unserem Buch wollen wir nicht nur nützliche Tools zur Verfügung stellen und dabei helfen, die Fehler zu vermeiden, die andere (uns eingeschlossen) bereits gemacht haben. Wir wollen auch Mut machen. Denn die Transformation eines Unternehmens kann nur von innen gelingen. Die Welt braucht mutige Pionier*innen wie dich, um diesen Weg zu gehen.

Das Buch hat nicht den Anspruch, vollständig oder in irgendeiner Form *fertig* zu sein. Such dir die Elemente heraus, die dir am nützlichsten erscheinen, und verwende sie in deiner Arbeit. Behalte bei, was für dich funktioniert, verwirf, was dir nicht weiterhilft. Und wenn dir etwas fehlt oder du Ideen hast, wie der *Loop-Approach* noch wirkungsvoller sein könnte, sag es uns – damit künftige Leser*innen von deinen Erfahrungen profitieren können.

Wenn wir gemeinsam an etwas arbeiten, fragen wir uns zu Beginn immer, was wir voneinander brauchen. So kennen alle Beteiligten die Erwartungen der jeweils anderen und können sich daran ausrichten. Und: Es ist deutlich leichter, mit einer Sache fertig zu werden, wenn klar ist, was erfüllt sein muss, damit alle Erwartungen befriedigt sind. Wir empfehlen dir deshalb, dich zu fragen:

Was muss dieses Buch leisten, damit das Lesen für dich ein voller Erfolg wird?
Welche großen Fragen willst du dir mit der Lektüre beantworten?

Am Ende, wenn du auf der letzten Seite angekommen bist, kannst du zurückblättern, nachlesen, was du dir von dem Buch erhofft hast, und es damit abgleichen, was es dir wirklich gegeben hat.

Und los.

DIE PYRAMIDE

Noch vor wenigen Jahrzehnten war die Antwort auf die Frage, wie sich größere Gruppen von Menschen organisieren lassen, unumstritten: in Form einer Pyramide. In ihrer starren Hierarchie werden alle wichtigen Entscheidungen an der Spitze getroffen und dann über die darunter liegenden Schichten nach unten kaskadiert, bis sie dort ankommen, wo alle operative Arbeit ausgeführt wird: bei den Arbeiter*innen und Angestellten am unteren Ende der Pyramide.

In den Geschichtsbüchern finden sich zahlreiche Beispiele für den Erfolg der Pyramide. Wann immer große Gruppen von Menschen an einer gemeinsamen Sache arbeiten, ob in Form von Armeen, Fabriken oder ganzen Königreichen, schien sie unabdingbar zu sein. Eines der besonders einflussreichen Beispiele ist das Römische Reich, an dessen Spitze ein Kaiser stand, der eine gewaltige, strikt hierarchisch organisierte Maschinerie befehligte. Das Römische Reich beherrschte große Teile der Welt auf diese Weise über viele Jahrhunderte hinweg.

Das Organisationsprinzip zieht sich durch die Geschichte der Menschheit. Wenn es darum ging, eine größere Menge an Menschen hinter einem gemeinsamen Ziel oder einer mächtigen Person zu versammeln, war fast immer die Pyramide die Antwort. Das gilt auch und insbesondere für Unternehmen. Und das ist nicht verwunderlich: Die klassische Hierarchie schafft es, Komplexität aus einem System herauszunehmen. Sie sorgt für Klarheit. In ihr weiß jeder, was er oder sie zu tun hat. Und größere Aufgaben lassen sich wunderbar auf verschiedene Teilbereiche einer Organisation verteilen.

Wenn traditionelle Hierarchien so lange so gut funktioniert haben, warum soll sich das nun ändern?

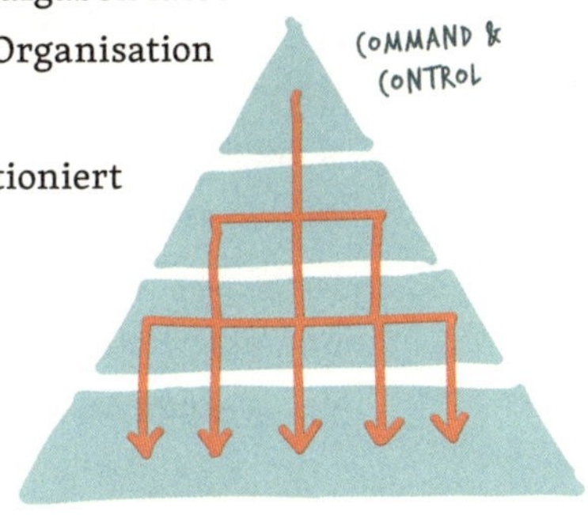

Schlechte Zeiten für Tankschiffe

Noch vor nicht allzu langer Zeit bewegten sich die meisten Organisationen in halbwegs stabilen Umfeldern. Natürlich gab es auch vor fünfzig, hundert und zweihundert Jahren technische Umwälzungen, doch damals vollzog sich der Wandel nicht so rasant wie heute. Wenn sich außen um die Organisation herum nicht allzu viel ändert, wenn Geschäftsmodelle nicht nur ein paar Wochen, sondern jahrzehntelang funktionieren, sorgt die Pyramide auch im Inneren für die nötige Stabilität. Sie ist gut darin, sicherzustellen, dass alles bleibt wie bisher. In stabilen Zeiten ist das eine große Stärke.

Heute sind die Umgebungen von Organisationen enorm in Schwingung. Jede Woche kommen neue Wettbewerbsteilnehmende hinzu, andere verschwinden wieder vom Markt. Und Unternehmen müssen mit genau diesen Bedingungen einen Umgang finden, um konkurrenzfähig bleiben zu können. Die Pyramide ist zwar schnell und effizient, wenn es um die Ausführung von Plänen geht, sie ist jedoch langsam und träge, wenn es um Veränderungen geht. Und das disqualifiziert sie für die Gegenwart.

Wenn sich in der äußeren Welt einer Organisation etwas verändert, kommt das meistens nicht zuerst in der Firmenzentrale an. Die Ersten, die es mitbekommen, sind häufig die Mitarbeitenden in der Peripherie des Unternehmens: Vertriebler*innen, Fahrer*innen, Kassierer*innen und alle Personen mit Kontakt zur Außenwelt, die tagtäglich erleben, wie sich die Welt des Kunden verändert.

Wenn ein solcher Sensor in der alten Welt der Pyramide eine Veränderung wahrnimmt, muss er diese Information über die Befehlskette nach oben senden: dorthin, wo die Entscheidungen getroffen werden. Bis die Information aber dort angelangt ist, vergehen Wochen, Monate, manchmal sogar Jahre. Und selbst wenn der Veränderungsimpuls endlich durchgedrungen und eine Entscheidung getroffen ist, muss diese wieder durch die ganze Befehlskette nach unten kaskadiert werden, bis sich im Verhalten des Unternehmens wirklich etwas verändert. Das tut weder der Organisation gut, noch wird es den Menschen gerecht, die darin arbeiten.

Menschen, die Verantwortung übernehmen wollen

In der klassisch hierarchischen Organisation sollen die Mitarbeitenden ausführen, was von oben nach unten delegiert wird. Sie haben eine feste Position mit einem klar abgegrenzten Wirkbereich; alles, was rechts und links von ihnen passiert, fällt nicht in ihre Verantwortung. Nun brauchen Unternehmen in einem sich ständig verändernden Umfeld dringend gut ausgebildete Mitarbeiter*innen, die Veränderungen erkennen und auf sie reagieren, die mitdenken, Chancen ergreifen und bereit sind, ständig Neues zu lernen. Diese Art von Mitarbeitenden bekommt allerdings nur, wer Freiräume bietet und Verantwortung wirklich abgibt, statt nur darüber zu sprechen.

Wenn Unternehmen das nicht schaffen, haben sie keine Chance, in turbulenten Umgebungen zu überleben. Denn gerade die jungen, gut ausgebildeten Menschen, die so dringend benötigt werden, sind heute kaum noch bereit, für Unternehmen zu arbeiten, die ihnen keine Verantwortung, keine Flexibilität und keine Lernmöglichkeiten bieten.

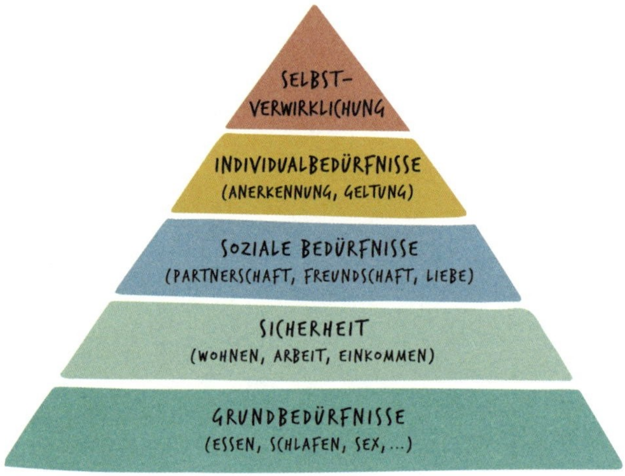

Bedürfnispyramide nach Maslow

Für eine Wirtschaft, die Teil des großen Ganzen ist

Immer mehr Menschen wünschen sich Organisationen, die Sinnvolles tun: die nicht nur der Profite wegen existieren, sondern das Anliegen haben, Teil eines größeren Ganzen zu sein. Dieser Punkt hängt einerseits mit dem vorher genannten zusammen, denn immer weniger junge, hochqualifizierte Mitarbeiter*innen werden in Zukunft bereit sein, für Unternehmen zu arbeiten, deren ökologischer und sozialer Impact so negativ ist wie der der allermeisten Konzerne unserer Zeit. Gleichzeitig gibt es immer mehr Unternehmer*innen, die ihre Verantwortung gegenüber Gesellschaft und Planeten ernst nehmen. In ein paar Jahrzehnten wird es hoffentlich gesellschaftlicher Konsens sein, dass nur Unternehmen wirtschaften dürfen, die das nicht zulasten unserer aller Zukunft tun.

Es zeichnet sich ein Bild, in dem Unternehmen eigentlich nur zwei Möglichkeiten haben: entweder weitermachen wie gehabt und akzeptieren, dass das in eine Sackgasse führen wird. Oder sich der großen Herausforderung einer Transformation stellen.

DAS NEUE

Die Pyramide scheitert also an drei Punkten: Sie ist zu sperrig, um mit den Veränderungen der Außenwelt klarzukommen, sie vertreibt attraktive Mitarbeiter*innen – und zerstört auch noch den Planeten, auf dem wir leben. Wir brauchen also ganz offensichtlich neue Formen der Zusammenarbeit und neue organisationale Heimaten. Doch was kommt nach der Pyramide?

Wo Organisationen in der Vergangenheit wie effiziente, ausgeklügelte Maschinen sein sollten, sind sie auf einmal Netzwerke, die niemand mehr überblickt. Lebende Organismen statt Maschinen. Doch was heißt das eigentlich? Wir illustrieren es an einem Beispiel:

Der Organisationsforscher Frédéric Laloux hat in seinem einflussreichen Buch *Reinventing Organizations* einen neuen Typ von Organisationen beschrieben, die er *teal* nennt. Dafür hat er Unternehmen untersucht, die anders arbeiten als klassisch hierarchisch organisierte Firmen, und drei prägende Charakteristika bei ihnen beobachtet.

Ganzheit

Mit dem Begriff Ganzheit (engl. *wholeness*) beschreibt Laloux die Tatsache, dass sich Menschen in *Teal*-Organisationen ganz, also unverstellt und mit ihrer ganzen Persönlichkeit zeigen können. In klassischen Hierarchien wird von den Mitarbeitenden hingegen erwartet, dass sie am Arbeitsplatz die Maske professioneller Angestellter tragen.

Ein evolutionärer Sinn

Teal-Organisationen können die Frage danach, warum sie existieren, klar in der Form eines gemeinsamen Purpose beantworten. Dieser Daseinsgrund ist im ganzen Unternehmen bekannt und dient der Organisation als evolutionäres Zentrum, um das herum sich alles stetig weiterentwickelt.

Selbstorganisation

Zudem funktionieren *Teal*-Organisationen selbstorganisiert. Sie haben einen Weg gefunden, wie sich Individuen und Teams ohne Horden von Manager*innen organisieren können. Das muss nicht zwangsläufig heißen, dass es keine Hierarchien mehr gibt, es wird aber möglichst viel Entscheidungsgewalt in die Organisation delegiert.

Neben Laloux haben sich viele andere zu der Frage geäußert, wie die Organisation der Zukunft aussieht. All diese Gedanken zielen für uns im Wesentlichen in die gleiche Richtung. Ihnen gemeinsam ist die Forderung, dass Organisationen organischer, beweglicher, netzwerkartiger werden sollen. Folgende Prinzipien einer zukunftsfähigen Organisation liegen ihnen zugrunde:

→ Organisationen sollten nicht mehr wie Maschinen gedacht sein, sondern evolutionären Prinzipien folgen.

→ Organisationen sind Netzwerke von selbstorganisierten Einheiten, die auch ohne CEO oder Steuerungskomitee handlungsfähig sind. Das bedeutet aber nicht, dass sie keine zentralen Organe haben dürfen, die das große Ganze im Blick haben und für übergreifende strategische Entscheidungen zuständig sind.

→ Organisationen folgen einem gemeinsamen *Purpose* (dt.: Sinn und Zweck), der ihr Daseinsgrund und das höhere Ziel ist, auf das möglichst alle Handlungen ausgerichtet sind.

→ Organisationen sind agil, beweglich und in der Lage, jederzeit auf äußere Impulse zu reagieren. Sie ändern schnell und ohne politische Hürden ihre Form, wenn das dem Purpose dienlich ist.

DIE LÜCKE

Viele Unternehmen haben begriffen, dass sie sich transformieren müssen, um überlebensfähig zu bleiben. Und viele sind auf der Suche nach der *einen* richtigen Antwort auf die Frage, wie die Organisation und die Arbeit der Zukunft aussehen. Diese eine Antwort gibt es jedoch nicht. Die Arbeit der Zukunft sieht anders aus, je nachdem, wo sie stattfindet. Entsprechend braucht auch jede Organisation ihr eigenes Betriebssystem.

Gerade für die großen, etablierten Konzerne, die auf der Annahme gegründet wurden, die Pyramide (bzw. ihre jüngere Schwester, die Matrix-Organisation) sei die einzig mögliche Form, gibt es noch keine überzeugenden Antworten, wie sie ihr Betriebssystem umstellen können. Den meisten von ihnen ist zwar längst klar, dass sie einen fundamentalen Wandel brauchen, doch sie fühlen sich hilflos und sind mit seiner Umsetzung überfordert.

Um dieses Problem zu lösen, gibt es den *Loop-Approach:* Er hilft beim Entwickeln von Betriebssystemen und beim Suchen und Finden neuer Praktiken für die Arbeit der Zukunft. Der *Loop-Approach* ist eine Rahmung, die Individuen und Teams dabei hilft, gute und zweckdienliche Entscheidungen im eigenen Transformationsprozess zu treffen. Und dabei bringt er Ordnung in das Chaos aus all den Tools, Konzepten und Begriffen, die in der Welt des neuen Arbeitens herumschwirren. Der *Loop-Approach* bietet keine einfachen Antworten auf komplexe Fragen, aber einen Prozess, um das Chaos handhabbar zu machen.

*Was wir oft als Hoffnung unserer Kund*innen erleben*

Große Organisationen haben ein Problem, wenn es darum geht, etwas zu verändern: ihre Größe. Ein neues organisationales Betriebssystem in einer Firma mit Zehntausenden Mitarbeitenden einzuführen ist aufwändig, kostet Zeit und führt mit Sicherheit – jedenfalls vorübergehend – zu Einbußen in der Effektivität und Leistungsfähigkeit des Unternehmens. Um trotzdem etwas zu unternehmen, buchen sie ein paar Mindset-Workshops, machen Design-Thinking-Schulungen und hängen Poster mit Agilitätsprinzipien im Meetingraum auf. Dagegen ist zwar nichts einzuwenden, aber eine tiefgreifende Transformation lösen diese Maßnahmen nicht aus.

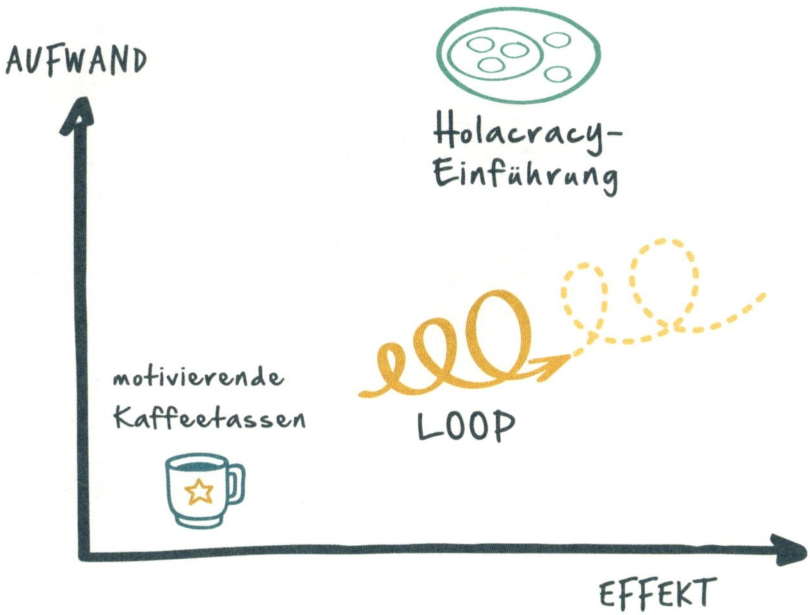

Der *Loop-Approach* ist ein Werkzeugkasten, um bestehende Organisationen zu transformieren, ohne dabei ihr laufendes Geschäft zu gefährden oder alle Steine auf einmal umzudrehen. Er erlaubt uns, Dinge zu ändern und Verhaltensweisen auszutauschen, die einer Aktualisierung bedürfen. Gleichzeitig ändern wir nichts, was gut funktioniert und dem Unternehmen auch in Zukunft dienlich sein wird. Der Prozess erfolgt Schritt für Schritt, in kleinen Iterationen. Er macht sich all die Erfahrung zunutze, die sich bereits in einer Organisation angesammelt hat.

Keine One-size-fits-all-Lösung

Zu Beginn eines Transformationsprozesses müssen wir uns fast immer mit dem gleichen Konflikt auseinandersetzen: Ein*e Kund*in wünscht sich erstens einen Standardprozess für die Transformation und zweitens ein klares Bild davon, wie die Organisation nach Abschluss der Transformation aussehen wird. Jahrzehntelange Beratung durch McKinsey und Boston Consulting Group haben ihre Wirkung nicht verfehlt.

Es folgt eine Phase, in dem der*die Kund*in nach und nach zur Einsicht kommt, dass eine Transformation nicht linear verläuft, sondern einen Rahmen braucht, der in sich evolutionär ist. Heute ist nicht vorhersehbar, wie genau der überüberübernächste Schritt aussehen wird. Dementsprechend lässt sich auch nicht absehen, wie genau die Organisation in ein, zwei oder gar fünf Jahren aussehen wird. Am Ende steht die Einsicht, dass die Transformation hin zu einem neuen Mindset nicht ausschließlich *top-down*, sondern in einem organischen Prozess entsteht. Dementsprechend sollte auch der Wandel ablaufen: mithilfe von vielen kleinen, intelligenten und unvorhersehbaren Entscheidungen vieler beteiligter Menschen.

Das alte, noch immer gerne angewandte Paradigma organisationaler Transformation ist: »Hier geht die Reise hin, jetzt lasst uns rauskriegen, wie wir dort hinkommen können.« Der *Loop-Approach* verschiebt diese Erwartungshaltung hin zu einem »Wir wissen nicht genau, wo die Reise hingeht, aber lasst uns dennoch anfangen«.

Das bedeutet natürlich nicht, dass wir vollständig auf einen definierten Prozess und klare Strukturen verzichten. Der *Loop-Approach* ist ein Prozess, der einen klar begrenzten Handlungsraum aufspannt und gleichzeitig nicht vorgibt, wie die Organisation am Ende auszusehen hat. Er lässt fortwährend kleine, abweichende Entscheidungen zu, stellt aber sicher, dass genau die richtigen Fragen gestellt werden. Auf diese Balance aus Standardisierung und Offenheit kommt es an.

Unser Modell hat den Anspruch, modular und flexibel zu sein. Mach dir den Ansatz zu eigen, spiele mit ihm herum und teile deine Erkenntnisse und Fragen mit anderen. Wo immer es dir gelingt, den *Loop-Approach* so anzupassen, dass er für dich ein bisschen besser funktioniert, folge einfach deinem eigenen Gefühl und erzähl uns von deinen Erfahrungen, damit wir sie mit anderen teilen können.

Wir glauben, dass wir dringend neue, bessere Organisationen brauchen, um den großen Problemen unseres Jahrhunderts zu begegnen. Schließlich sehen wir alle, welchen Schaden Organisationen anrichten, die als Pyramiden organisiert und allein auf Profit und Wachstum ausgerichtet sind. Organisationen dagegen, denen es gelingt, die Menschen ans Ruder zu lassen, sind in der Lage, einen guten Beitrag zu einer lebenswerten Zukunft zu leisten.

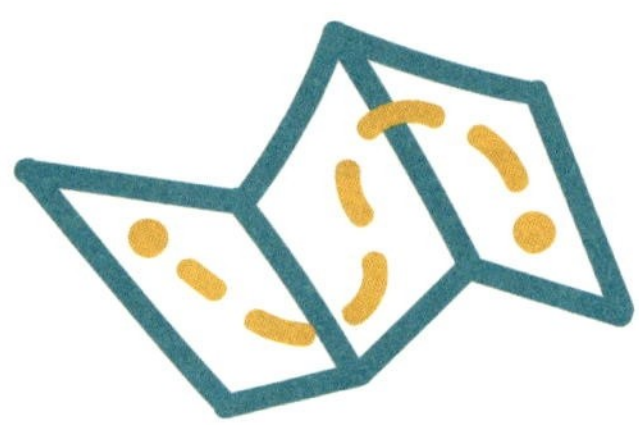

An dieser Stelle solltest du verstanden haben, warum es den *Loop-Approach* gibt und was wir mit ihm erreichen wollen. Im nächsten Kapitel widmen wir uns nun der Frage, auf welche Quellen wir unsere Arbeit stützen und welche Haltung dem *Loop-Approach* zugrunde liegt.

WAS DU AUS DIESEM KAPITEL MITNEHMEN SOLLTEST:

Es ist Zeit für neue, flexiblere Organisationen.

Ein neues Mindset namens *sense and respond* ersetzt das alte von *predict and control*.

Transformationen sind aufwändig und schmerzhaft, besonders bei großen Organisationen.

Sie verlangen nach einem Werkzeugkoffer, der hilft, den Prozess zu strukturieren, ohne die Illusion einer Blaupause zu vermitteln.

Es geht dabei mehr um das *Wie* der Transformation als das *Was* des Ergebnisses.

Jede Organisation muss ihr eigenes Betriebssystem finden, der *Loop-Approach* hilft dabei.

DAS LOOP MINDSET

Der *Loop-Approach* ist nicht aus dem Nichts entstanden. Wir haben ihn auf der Basis vieler kluger Gedanken, Theorien und Praktiken entwickelt, die uns in unserer täglichen Arbeit inspirieren und auf die wir uns stützen. Zusätzlich ist der *Loop-Approach* Ausdruck einer ganz bestimmten Haltung, die sich wie ein roter Faden durch alles zieht, was wir tun. Diese Haltung wollen wir mit unserer Methode in Organisationen tragen.

Um besser mit dem *Loop-Approach* arbeiten und die Haltung dahinter verinnerlichen zu können, ist es wichtig zu verstehen, was ihm zugrunde liegt. In diesem Kapitel stellen wir daher zwei Dinge vor:

1. Wir blicken kurz auf wichtigste Quellen unserer täglichen Arbeit, die als Inspiration, als Denkschulen und Methodenfundament in den *Loop-Approach* eingeflossen sind.
2. Daraus leiten wir die wichtigsten Prinzipien ab, die für uns die Haltung der Organisation der Zukunft ausmachen.

UNSERE INSPIRATIONSQUELLEN

Wir machen nun etwas, das gewiss etwas kühn und doch dringend notwendig ist. Auf den kommenden Seiten fassen wir im Superschnelldurchlauf die Quellen zusammen, auf denen der *Loop-Approach* aufbaut. Ganz klar ist: Jede dieser Quellen hat einen immensen Wert, und wir haben gar keine Chance, ihnen vollständig gerecht zu werden. Zu jeder könnte man einen mehrtägigen Workshop besuchen, ganze Bücher lesen – und hätte immer noch ein nur oberflächliches Verständnis.

Um anzufangen, mit dem *Loop-Approach* zu arbeiten, reicht es aber, zunächst einen groben Überblick zu haben. Wer zum *Loop*-Profi werden möchte, kann sich später immer noch eingehender mit einzelnen Methoden befassen.

Wie sind wir zu der Auswahl gekommen?

Es gibt eine unüberschaubar große Menge an Methoden und Modellen, die im Kontext von Organisationsentwicklung und Transformation einen Beitrag leisten können. Zwar kennen wir längst nicht alle davon, aber viele haben wir und Menschen aus unserem Netzwerk schon erprobt.

Dabei hat sich ein überschaubares Set an Ansätzen herauskristallisiert, mit denen wir immer wieder arbeiten. Jeder von ihnen hat zur Entwicklung des *Loop-Approach* beigetragen, und wir können selbstbewusst sagen, dass sich mit dieser Auswahl den meisten Herausforderungen begegnen lässt, auf die Organisationen so stoßen. Um für eine gemeinsame Basis zu sorgen, beantworten wir für unsere wichtigsten Inspirationsquellen zwei Fragen:

Wozu wird die Methode gebraucht?
Was sind ihre wichtigsten Bausteine?

Holacracy

Wozu wird die Methode gebraucht?

Holacracy, die in wesentlichen Teilen auf der Soziokratie beruht, ist als eine Art Software für Organisationen gedacht. Der Grundgedanke ist dabei, die Verteilung und Nutzung von Macht über ein Regelwerk zu definieren, an das sich alle Mitglieder einer Organisation halten müssen. Gedacht ist es somit als fundamental neue Art, ein Unternehmen zu führen.

Was sind die wesentlichen Bausteine?

Holacracy regelt in Form ihrer Verfassung alle wesentlichen Bestandteile einer Organisation. Sie definiert, wie Verantwortung abgegrenzt wird, nämlich in Form von Rollen, und legt fest, wie Entscheidungen getroffen werden: einerseits aus Rollen heraus, andererseits in klar definierten Meetings, die nach festen Regeln moderiert werden. Holacracy ist zunächst nur ein Regelwerk, in dem allerdings eine größere Idee dazu steckt, wie Organisationen der Zukunft gedacht werden können. Die Verfassung beantwortet nicht alle Fragen direkt, erlaubt es aber, zusätzliche Prozesse zu entwickeln und am Vorhandenen anzudocken. Von ihrem Entwickler Brian Robertson ist Holacracy als gesamthaftes Betriebssystem gedacht, das nur dann funktioniert, wenn es vollständig umgesetzt wird. Es lassen sich aber auch Bausteine sinnvoll herauslösen und einzeln verwenden. (Pssst, von uns habt ihr das nicht!)

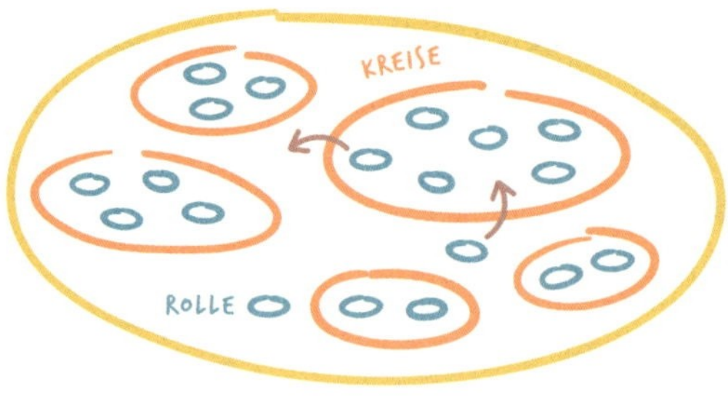

Getting Things Done

Wozu wird die Methode gebraucht?

Getting Things Done, kurz GTD, wurde als System zur persönlichen Selbstorganisation entwickelt. Das Buch trägt den Untertitel »The art of stress-free productivity« (auf Deutsch: *Wie ich die Dinge geregelt kriege. Selbstmanagement für den Alltag*) und soll erlauben, viele Projekte gleichzeitig im Blick zu behalten. GTD erlaubt es, als Individuum durch eine komplexe, sich ständig verändernde Welt zu navigieren, ohne in Stress und Frustration zu verfallen.

Was sind die wesentlichen Bausteine?

GTD bietet ein umfangreiches System, um regelmäßig auf verschiedenen Ebenen zu reflektieren: Was will ich in meinem Leben erreichen? Was steht in diesem Jahr an? An welchen Projekten arbeite ich diese Woche? Was tue ich als Nächstes? Im Kontext der Zusammenarbeit schafft GTD vor allem eines: eine gemeinsame Sprache dafür, wie wir miteinander arbeiten. Es regelt,

- wie wir über Aufgaben sprechen (und was ist überhaupt eine Aufgabe?);
- wie wir größere (und kleinere) Projekte definieren;
- wie wir Vereinbarungen so festhalten, dass sie unmissverständlich sind und wir nicht aneinander vorbeireden.

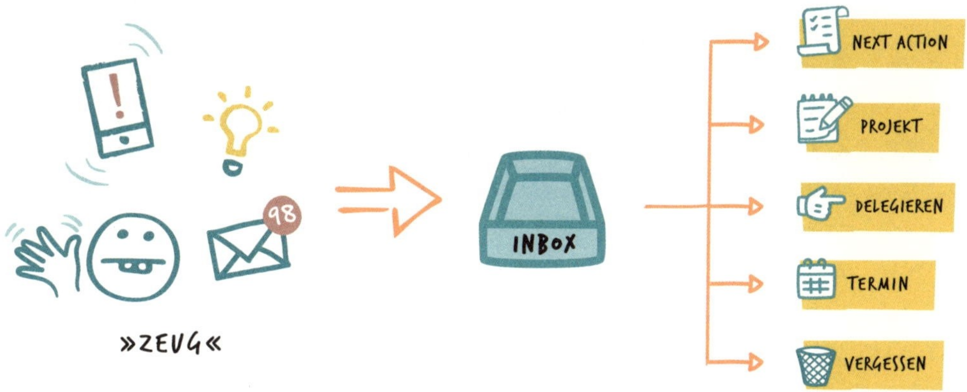

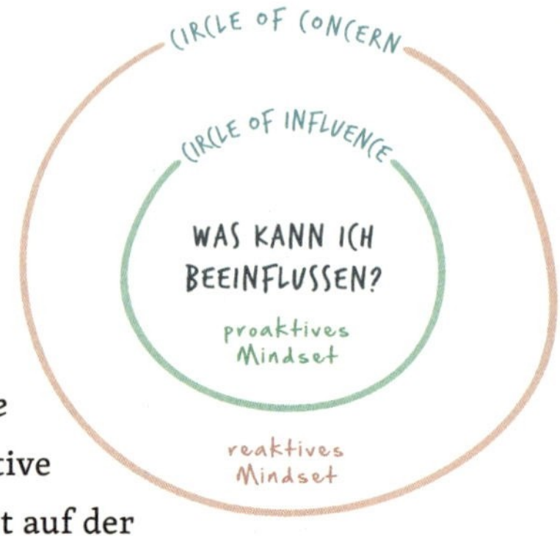

The 7 Habits of Highly Effective People

Wozu wird die Methode gebraucht?

Stephen Covey geht in seinem Klassiker *Die 7 Wege zur Effektivität* der Frage nach, was besonders effektive Menschen von anderen unterscheidet. Das Buch basiert auf der Annahme, dass es bestimmte, veränderliche Verhaltensmuster und Glaubenssätze gibt, die es Menschen erlauben, besser mit anderen und der Welt um sich herum in Kontakt zu treten und dadurch wirksamer zu sein. Ein zentraler Gedanke ist, sich auf den eigenen Wirkkreis, den sogenannten *Circle of Influence* zu fokussieren und weniger auf Probleme und Sorgen.

Was sind die wesentlichen Bausteine?

Die sieben Gewohnheiten oder Wege zur Effektivität sind:

1. ***Proaktiv sein:*** Aus einer reaktiven Haltung herauskommen und ins Gestalten und Selbst-Entscheiden kommen.
2. ***Vom Ende her denken:*** Sich immer zuerst die Frage nach dem *Warum* stellen. Was will ich letztlich erreichen? Was soll dabei herauskommen?
3. ***First things first:*** Priorisieren und das nach vorne ziehen, was in der Situation am wichtigsten ist.
4. ***Win-win-Denken:*** Immer in gemeinsamen Erfolgen denken. Covey rät dazu, sich zu fragen, wovon alle Beteiligten profitieren können und wie wir aus einem Gegeneinander herauskommen.
5. ***Erst verstehen, dann verstanden werden:*** Zunächst die Perspektiven anderer verstehen und erst dann den eigenen Beitrag aussprechen.
6. ***Synergien schaffen:*** Wo ergeben sich Möglichkeiten, über Synergien Zeit und Energie zu sparen? Wie lässt sich mit minimalem Aufwand ein großer Effekt erzeugen?
7. ***Die Säge schärfen:*** Für kontinuierliche Entwicklung, aber auch für Kreativität ist es nötig, Erholung und Entspannung immer mit einzuplanen.

Gewaltfreie Kommunikation

Wozu wird die Methode gebraucht?

Die Gewaltfreie Kommunikation (GFK), auch Rosenberg-Modell genannt, ist ein Modell für bedürfnisorientierte, menschenzentrierte Kommunikation. Das Modell hilft dabei, stärker mit anderen in Verbindung zu treten, die zwischenmenschlichen Beziehungen zu verbessern und Konflikte konstruktiv aufzulösen. Es ist zudem ein Hilfsmittel, um in Alltagssituationen ein klares Verständnis für die eigenen Gefühle und die Gefühle anderer zu erzeugen.

Was sind die wesentlichen Bausteine?

Die GFK versetzt Menschen in die Lage, komplexe zwischenmenschliche Probleme zu entzerren und zu lösen. Sie bietet eine ganz neue Ebene der Kommunikation und erlaubt es, mit vergleichsweise einfachen Methoden effektiver zu kommunizieren. Fragen, die die GFK beantwortet, sind unter anderem:

- Wie kann ich eindeutig zwischen einer Beobachtung und meiner Interpretation unterscheiden?
- Welche Gefühle löst das Verhalten eines anderen in mir aus?
- Welche menschlichen Bedürfnisse werden bei mir von einer Sache berührt?
- Wie kann ich mich anderen so mitteilen, dass sie wahrscheinlich Verständnis für mich aufbringen?
- Wie kann ich mit mir selbst und anderen in echte, empathische Verbindung treten?
- Wie kann ich Bitten so formulieren, dass sie keine Forderung sind, sondern die Autonomie und Wahlfreiheit der anderen Person wahren?

Die vier Elemente effektiver Kommunikation

Design-Thinking

Wozu wird die Methode gebraucht?

Das Design-Thinking wurde entwickelt, um einen kreativeren, menschen- und nutzer*innenzentrierten Umgang mit komplexen Problemen zu ermöglichen. In der Essenz geht es vor allem darum, mit Offenheit und einer möglichst großen Vielfalt an Methoden und Perspektiven auf Probleme zu blicken, Ideen für deren Lösung zu entwickeln, diese zu testen und urteilsfrei wieder zu verwerfen oder weiterzuverfolgen – je nachdem, wie das Feedback ausfällt.

Was sind die wesentlichen Bausteine?

Viele denken bei Design-Thinking an Post-its, bewegliche Möbel, kreatives Brainstorming und das Basteln von Prototypen mit Lego und Knetgummi. All das gehört zwar dazu, letztlich sind aber diese Methoden nur Mittel zum Zweck. Am Ende soll die Haltung gelebt werden, möglichst viele kreative Ideen zuzulassen, Egos beiseite zu schieben und sich immer wieder auf die zentralen Fragen zu besinnen: Welches Problem versuchen wir eigentlich gerade zu lösen? Woher bekommen wir wertvolle Perspektiven auf dieses Problem? Wie können wir unsere Ideen möglichst schnell in einem möglichst realistischen Kontext testen?

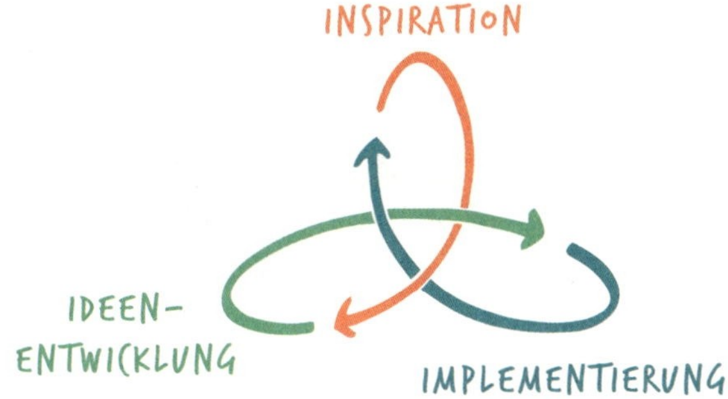

Scrum/Agile

Wozu wird die Methode gebraucht?

Ursprünglich in der Softwareentwicklung aufgekommen, löst die Methode das Denken in Wasserfall-Planungsmodellen ab (»Erst machen wir das, dann das, dann das …«). Damit ist sie Ausdruck des Mindset-Wandels vom *Predict-and-Control* hin zum *Sense-and-Respond* – und hilft dabei, komplexe Projekte in einer sich stetig verändernden Umwelt zu steuern.

Was sind die wesentlichen Bausteine?

Scrum zeichnet sich insbesondere durch diese Elemente aus:

- das Arbeiten in kurzen, abgeschlossenen Sprintzyklen, die stets mit einer Retrospektive enden, also einem Meeting, in dem der Prozess reflektiert und angepasst wird;
- eine Product-Owner-Rolle und eine Scrum-Master-Rolle;
- ein sich selbstorganisierendes, vollständig handlungsfähiges Team;
- das Arbeiten mit Backlogs, also einer dynamischen Liste mit unerledigten Aufgaben;
- das Denken in abgeschlossenen Produktteilen.

Auch wenn Scrum ursprünglich für die Softwareentwicklung gedacht war, werden die zugrunde liegenden Prinzipien oftmals auch in Teams genutzt, die nicht an Softwareprodukten arbeiten.

Systemische Organisationsberatung

Wozu wird die Methode gebraucht?

Die systemische Organisationsberatung kann als Gegenpol zum Management-Beratungsansatz von McKinsey und Co. gesehen werden. Sie versteht Beratung als Intervention in komplexe, lebende Systeme und verfolgt dabei das Ziel, das System durch Impulse zu stärken. Dahinter liegende Grundannahmen sind, dass komplexe Systeme nur von innen heraus verändert werden können und die Rolle von Berater*innen darin besteht, das System hinsichtlich seiner Problemlösungsfähigkeit zu verbessern.

Was sind die wesentlichen Bausteine?

Wichtige Prinzipien des systemischen Denkens sind:

- Vertrauen auf Kompetenz zur Selbstorganisation und Lösungsfindung innerhalb eines Systems, Wertschätzung der internen Expertise und Vertrauen darauf, dass aus der Organisation Lösungen kommen können.
- Bewusstsein für Wechselwirkungen: Innerhalb eines Systems, aber auch zwischen Systemen finden ständig komplexe Wechselwirkungen statt. Somit lässt sich nichts auf ein einzelnes Individuum zurückführen.
- Die richtige Balance zwischen Bewahren und Verändern: Nicht alles Alte ist schlecht! Es ist wichtig, die größten Schmerzen einer Organisation ausfindig zu machen und gleichzeitig das wertzuschätzen, was den Status quo ausmacht.

- Arbeit am Außen und am Innen: Anerkennen der Tatsache, dass Organisation immer auf mehreren Ebenen gleichzeitig stattfindet, die alle betrachtet werden sollten (siehe Abbildung zur integralen Matrix).
- Paradoxien zulassen: Das gleichzeitige Zulassen vermeintlicher Widersprüche ermöglicht neue Perspektiven und ein Win-win-Denken in jeder Situation – »sowohl als auch« statt »entweder oder«.

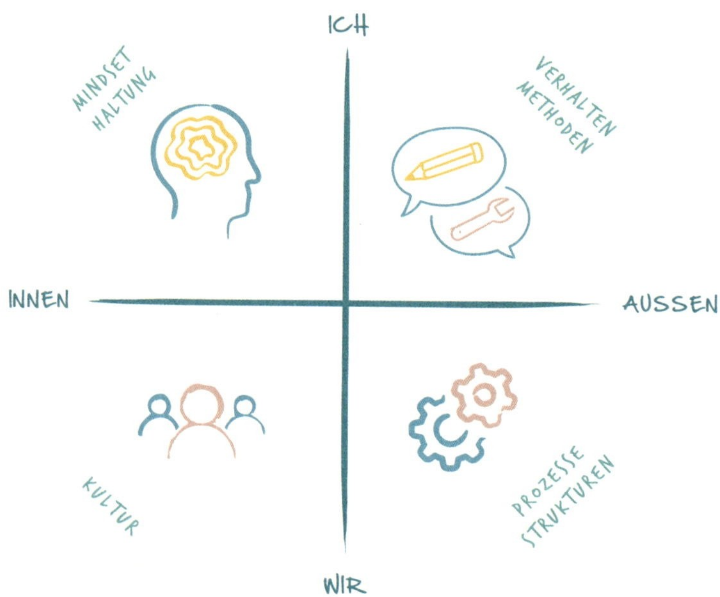

Achtsamkeitspraktiken

Wozu wird die Methode gebraucht?

Ansätze wie *Search Inside Yourself* zeigen es: Achtsamkeit ist inzwischen nicht mehr aus dem Arbeitskontext wegzudenken. Und das zu Recht, denn um in Zukunft effektiv arbeiten zu können, sollten Menschen in der Lage sein, sich selbst und andere mit einem gewissen Abstand zu sehen. Eine wichtige Führungskompetenz der Zukunft ist ein kompetenter Umgang mit den eigenen Gefühlen. Menschen mit Führungsaufgaben müssen in Kontakt mit sich selbst sein, um auch mit anderen besser in Kontakt treten zu können.

Was sind die wesentlichen Bausteine?

Mit Achtsamkeit im Arbeitskontext meinen wir alles, was ...

- Menschen aus ihrem Autopilotenmodus bringt und die Reiz-Reaktions-Kette durchbricht,
- eine größere Fähigkeit dafür schafft, Gefühle und innere Vorgänge wahrzunehmen,
- dabei hilft, eine Sprache für die eigene Gefühlswelt zu finden.

Positive Psychologie

Wozu wird die Methode gebraucht?

Die positive Psychologie interessiert sich nicht so sehr für das, was Menschen *nicht* können. Sie richtet den Blick stattdessen auf die vorhandenen Stärken und Potenziale. Die Grundannahme lautet: Menschen sind motiviert und begeisterungsfähig, wenn man sie nur lässt und – falls nötig – dabei unterstützt, die eigenen Potenziale sinnvoll zu nutzen. Diese Haltung passt gut zu einer Welt der Selbstorganisation: in der Mitarbeitende in der Lage sein sollen, unvorhersehbare Entscheidungen zu treffen; in der Rollen flexibel entstehen und von Menschen ausgefüllt werden, die keine Führungskraft haben, die für sie das Denken übernimmt.

Was sind die wesentlichen Bausteine?

Folgende Fragen entnehmen wir dieser Strömung im Kontext der Arbeit:

- Wer im Team bringt welche Stärken und Potenziale mit?
- Wie können wir diese so abbilden, dass sie allen bekannt sind?
- Wie lassen sich diese Potenziale und Fähigkeiten fördern und nutzen?

Positiv auf den Menschen zu sehen heißt, in Möglichkeiten und Chancen zu denken – und nicht in Beschränkungen und Gefahren.

Spiral Dynamics und integrale Theorie

Wozu wird die Methode gebraucht?

Frederic Laloux' Buch *Reinventing Organizations* baut auf Kerngedanken der Theorie der Spiral Dynamics und der integralen Theorie auf. Laut dieser entwickelt sich das (kollektive) menschliche Bewusstsein hin zu zunehmend komplexeren Stufen. Laloux überträgt diese Logik auf Organisationen. Dieser Gedanke ist heute häufig die Grundlage für organisationale Transformation: Ziel ist es für viele Organisationen, auf eine »höhere« Stufe zu gelangen und sich dadurch besser an die Anforderungen der heutigen Zeit anzupassen. Dabei wird auch gesagt, dass jede der Stufen in einem bestimmten Kontext gut funktioniert, das heißt, jede hat ihre Stärken, die situativ von Vorteil sein können.

Was sind die wesentlichen Bausteine?

Laloux beschreibt in seinem Buch fünf Stufen (Abbildung auf der nächsten Seite):

- rot – impulsive Organisationen
- bernstein (gelb) – traditionelle konformistische Organisationen
- orange – moderne leistungsorientierte Organisationen
- grün – postmoderne pluralistische Organisationen
- petrol (teal)– integrale evolutionäre Organisationen

Organisationen sind selbstverständlich so komplex, dass sie sich nicht vollumfänglich mit einer dieser Stufen charakterisieren lassen. Wenn eine Organisation einer dieser Stufen zugeordnet wird, dann heißt das, dass die Mehrheit ihrer Strukturen, Praktiken und Prozesse der Haltung entspricht, die mit dem jeweiligen Paradigma verbunden wird. Wie wir weiter vorne im Buch schon beschrieben haben, nennt Laloux die derzeit »höchste« Stufe der Entwicklung *teal* (dt.: petrol) oder integral evolutionär. Organisationen dieses Typs sind entsprechend wie lebendige Organismen und haben die Fähigkeit, sich fortlaufend anzupassen und weiterzuentwickeln. Die drei wesentlichen Charakteristika dieser Organisationen sind: Ganzheit, Selbstorganisation und ein evolutionärer Sinn.

Evolution der Organisationen

NACH FRÉDÉRIC LALOUX: REINVENTING ORGANISATIONS

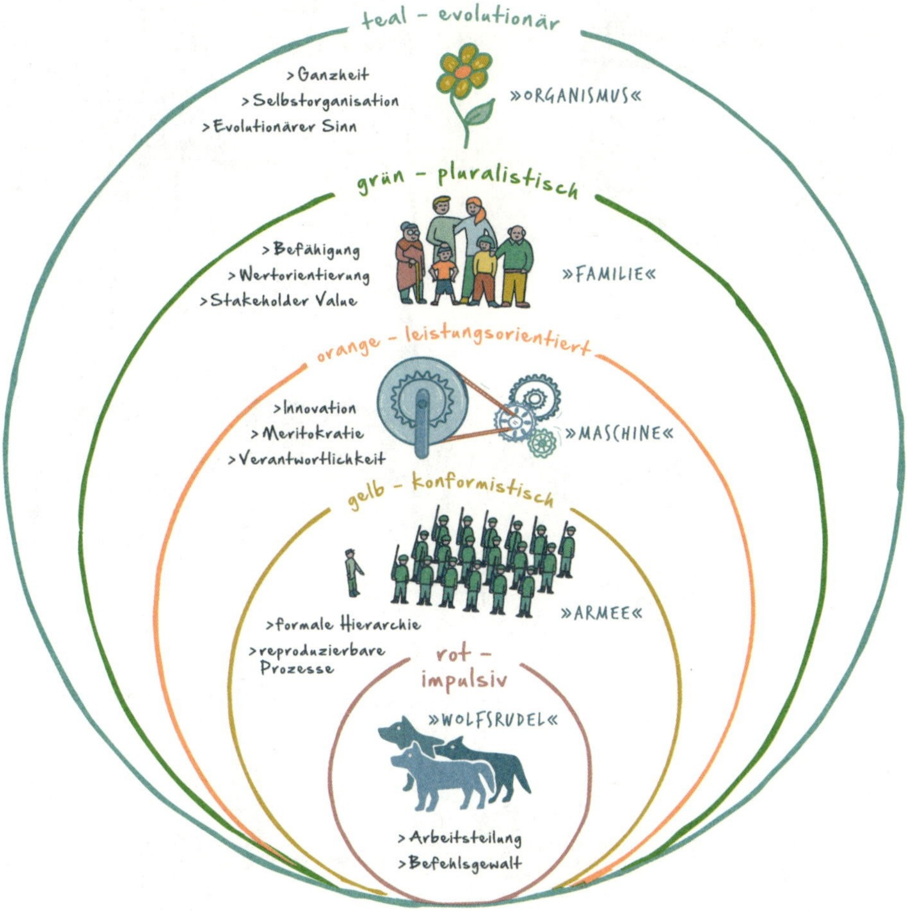

→ ORGANISATIONEN SIND BUNT. ABER IMMER ÜBERWIEGT EINE FARBE

→ JEDE EVOLUTIONSSTUFE SPIEGELT DIE GESELLSCHAFTLICHE ENTWICKLUNG WIDER

HISTORY
warum?
THIS
WICHTIG
WOFÜR?
Win-Win!
DES HALB
BELIEVE
IN GUTE ARBEIT
AUTONOMIE!
I Tennis
NULL PROBL
GOOD!
DAS LOOP-MINDSET

Wer alle unsere Inspirationsquellen übereinanderlegt, findet gemeinsame Muster: Prinzipien, die immer wieder auftauchen, Haltungen, die sich ähneln. Das ist uns auch bei unserer Arbeit aufgefallen. Die Werkzeuge und Methoden mögen ganz unterschiedlich aussehen, doch oft sind sie Ausdruck eines sehr ähnlichen Mindsets. Dieses Mindset, diese Haltung ist letztlich das, was für uns die Organisation der Zukunft ausmacht. Am Ende geht es uns darum, bestimmte Prinzipien in eine Organisation zu tragen, die das Denken und Handeln der Menschen prägen. Das ist unser Loop-Mindset:

Autonomie und Selbstorganisation

Die Organisation der Zukunft setzt auf Autonomie und Selbstorganisation. Jedes Team und jede Person innerhalb eines Teams ist in der Lage, eigenständig zu handeln und Entscheidungen zu treffen. Das macht eine Organisation *agil* im Sinne von schnell anpassungs- und handlungsfähig. Und das ist auch nötig, um das *Sense-and-respond*-Mindset real werden zu lassen. Denn eine Organisation kann nur dann schnell auch in der Peripherie handeln, wenn dort autonome Teams und Individuen sind, die sich organisieren können, ohne zuerst vor Ausschüssen und Steuerungskomitees erscheinen zu müssen. Damit das funktionieren kann, brauchen alle Individuen und Teams in der Organisation jedoch eine gemeinsame Ausrichtung, auf deren Basis sie gut und dem eigenen Urteil vertrauend entscheiden können.

Sinn-Orientierung

Immer mehr Unternehmen beschäftigen sich mit ihrem Purpose. Purpose kann ins Deutsche am ehesten mit *Sinn und Zweck* oder *sinnstiftendem Zweck* übersetzt werden. Der Begriff steht für eine Ausrichtung, die über Ziele, Strategien und Visionen hinausgeht. Es geht um tieferen Sinn und eine gemeinsame Basis, die alle in der Organisation nicht nur verstehen, sondern mit der sie sich auch gefühlsmäßig verbinden können. Der Purpose ist der große gemeinsame Nenner: Er schafft Identifikation und erlaubt es, unter größter Unsicherheit zu navigieren. In Zeiten von erhöhter Komplexität und rasanten Veränderungen gibt er eine Grundstabilität, die Ziele und Strategien nicht leisten können. (Was nicht bedeutet, dass Ziele und Strategien nicht mehr benötigt werden.)

Eigenverantwortung

Jeder Mensch hat das Potenzial, Verantwortung für sich selbst zu übernehmen und eigenständig Entscheidungen zu treffen. Leider sind jedoch viele traditionelle Arbeitsumfelder so eingerichtet, dass der Mensch eben nicht selbst Verantwortung übernimmt, sondern das macht, was ihm von der nächsthöheren Hierarchiestufe aufgetragen wird. Dabei ist Eigenverantwortung die wichtigste Voraussetzung, um künftig effektiv arbeiten zu können. Damit meinen wir die Fähigkeit, Verantwortung für die eigenen Gedanken, Gefühle und Handlungen zu übernehmen. Wer das tut, sagt ganz selbstverständlich Sätze wie: »Ich habe eine Spannung, und zwar folgende ...«, oder: »Ich brauche von dir ...« Die vielleicht wichtigste Botschaft dieses Buchs lautet: Die Transformation bist du selbst. Jede*r kann im eigenen Wirkkreis anfangen, in kleinen Schritten etwas zu verändern. Das sollte sich auch in der Sprache ausdrücken, die wir verwenden: »Ich brauche ...«, »Ich empfinde ...«, »Ich sehe das so ...« Die Organisation der Zukunft gibt ihren Mitgliedern den Spielraum, bei sich selbst anzufangen, die volle Verantwortung für das eigene Handeln zu übernehmen und so anderen ein Vorbild zu sein. Mehr kann niemand von uns tun, und mehr ist auch gar nicht nötig.

Lösungsorientierung

Das Denken in Problemen hat eine große Tradition in klassischen Organisationen: Wer Probleme findet, am besten bei einem Teammitglied, mit dem man um eine Stelle konkurriert, hat Erfolg. Um Lösungen geht es dabei selten, denn der Handlungsspielraum einzelner Mitarbeitenden in klassisch hierarchischen Organisationen ist so beschränkt, dass es gar nicht zu ihrem Job gehört, Lösungen für Probleme zu entwickeln. Das ist Chefsache. In der Organisation der Zukunft ist das anders. Natürlich bleibt es weiterhin wichtig, Probleme und Schwachstellen zu identifizieren, allerdings ist es künftig nicht mehr genug, sie nur beim Namen zu nennen. Stattdessen braucht es ein Denken in Lösungen: »Ich beobachte folgendes Problem, für das ich folgende Lösung vorschlage: …« Das Denken in Lösungen ist zwar ein Umdenken, aber im Grunde auch nur die Weiterführung des Denkens in Problemen. Wer Letzteres beherrscht, kann Ersteres erlernen.

Kooperation und Win-win-Denken

Wo es früher häufig um ein Entweder-oder ging, wird es heute wichtiger, ein Sowohl-als-auch zu denken. Wer in komplexen Umfeldern erfolgreich sein will, muss kooperieren und Win-win-Lösungen anstreben. Organisationen, die mehr als Netzwerke und weniger als Ansammlung von Silos angelegt sind, funktionieren nur, wenn gemeinsame Erfolge das Ziel sind – und das schließt externe Partner*innen ein. Wenn ein gemeinsamer Purpose der Antrieb und Grund aller Handlungen ist, dann braucht es auch einen gemeinsamen Blick auf die tägliche Arbeit.

Transparenz und offene Kommunikation

Transparenz und offene Kommunikation treten immer mehr an die Stelle von Versteckspielen und Intransparenz. Alle Praktiken und Schulen in der Welt des neuen Arbeitens setzen auf radikale Offenheit. In komplexen Systemen ist oft nicht absehbar, welche Information an welcher Stelle hilfreich sein wird, und der einzige Weg, damit umzugehen, ist es, sie möglichst überall verfügbar zu machen. »Wir reden übereinander« wird zu »Wir reden miteinander«. Offenes, ehrliches Feedback wird immer wichtiger, und diese Qualität macht die Arbeit nicht nur zunehmend angenehmer, sondern auch effektiver.

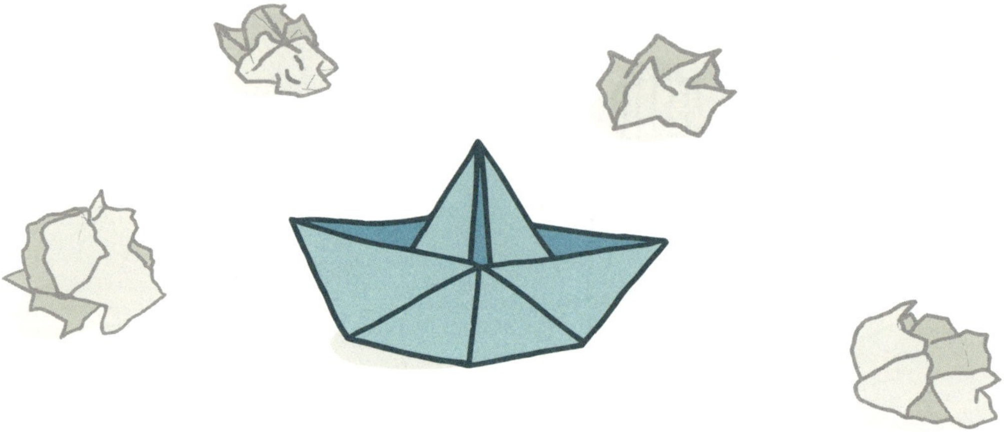

Denken in ständigen Iterationen

Bei Strömungen wie dem Design-Thinking ist diese Haltung besonders gut sichtbar, aber auch Holacracy mit ihrem kontinuierlichen Governance-Prozess und dem ständigen Fragen nach »Is it safe enough to try?« zielt in die Richtung: *Shipped is better than perfect.* In einer komplexen Welt geht es um kontinuierlichen Fortschritt und ständiges Ausprobieren. Keine Lösung ist perfekt, daher wird es zunehmend wichtig, in inkrementellen Verbesserungen zu denken und sich im ersten Schritt nur zu fragen, ob etwas Schaden anrichtet – und nicht, ob es schon die perfekte Lösung ist.

Role vs. Soul

Aus Holacracy stammt der Ausdruck *Role vs. Soul*. Gemeint ist damit eine klare Trennung zwischen der Rolle, die ich gerade einnehme, und mir selbst als Person. Letztlich geht es darum: Menschen sollen sich am Arbeitsplatz in der Fülle ihrer ganzen Persönlichkeit zeigen können. Sie sind nicht mehr mit der Rolle oder Position gleichzusetzen, die sie innehaben, sondern existieren auch als ganzheitliche Individuen. Diese Trennung erlaubt es, die Übernahme von Verantwortung in der Organisation der Zukunft neu zu denken: Neben mir als Person gibt es mich als Träger*in einer Rolle. Und ich kann nicht nur eine Rolle innehaben, sondern viele verschiedene. So wird es möglich, dass dieselbe Person an der einen Stelle in einer leitenden Funktion auftritt, an einer anderen aber in einer unterstützenden Rolle. Früher war der*die Chef*in einfach nur der*die Chef*in, heute kann jedes Teammitglied hier die eine und dort die andere Funktion ausfüllen – und nebenbei auch noch als Mensch da sein.

Vom Ego zum Selbst

Eine Entwicklung, die wir in vielen Strömungen beobachten, betrifft die persönliche Entwicklung des Menschen im Unternehmen. Wo in der Pyramide vor allem die Egos miteinander ringen, geht es künftig vermehrt um die persönliche Entwicklung »vom Ego zum Selbst«. In einer solchen Organisation konkurrieren die Mitarbeitenden nicht darum, wer die*der Beste ist und das größte Stück vom Kuchen abbekommt, sondern sie stellen sich in den Dienst einer größeren Sache. Und demütig widmen sie sich der großen Herausforderung, sich selbst als Menschen besser zu verstehen. Das passiert möglichst ohne Ego und mit dem nötigen Abstand zu den Dingen, die um einen herum geschehen. Es geht darum, sich selbst und andere genau so zu akzeptieren, wie sie sind – ohne ständig den nächsten Euro, den nächsten Karriereschritt oder das nächste Statussymbol zu wollen.

Spannungsbasiertes Arbeiten

Wer Handlungsspielräume hat und bei sich selbst anfängt, kann auch zum Impulsgebenden für Veränderungen werden. Dafür braucht es spannungsbasiertes Arbeiten. Die Grundidee ist ganz einfach: Jeder Mensch, der in einer Organisation wirkt, ist eine Art Sensor. Denn jeder von uns nimmt ständig Spannungen wahr und bemerkt, dass etwas anders sein könnte, als es aktuell gerade ist. Spannungen sind zunächst nur Gefühle. Sie lassen sich aber übersetzen in konkrete Probleme, Ideen und Fragen. Auch wenn das Wort Spannungen im Deutschen eher negativ besetzt ist, betrachten wir sie als etwas Positives: als Motor der Veränderung, als Treibstoff der Organisation. Doch um dieses Potenzial nutzbar zu machen, braucht es gute Methoden. Erst dann können Spannungen sichtbar gemacht, bearbeitet und in sinnvolle Veränderungen übersetzt werden.

Verteilte Führung

Wo es früher eine klare Trennung zwischen Führungskraft und Mitarbeiter*innen gab, lösen sich die Grenzen zunehmend auf. In der Organisation der Zukunft kann grundsätzlich jede*r führen – nicht nur sich selbst, sondern auch andere. Das geschieht aus den jeweiligen Rollen heraus. Da, wo ich Expert*in bin, führe ich andere, indem ich Verantwortung übernehme und Entscheidungen treffe. Der Gedanke, dass jede*r, je nach Situation und Thema, führen kann, macht die Welt der Organisationen zwar komplexer, ein Unternehmen aber auch deutlich effektiver. Denn in unserer heutigen Welt braucht es Expert*innen, die lokal über Wissen verfügen und in ihrem Kompetenzbereich schnell Entscheidungen treffen. In sich ständig verändernden Umgebungen kann das keine noch so allmächtige Führungskraft über mehrere Bereiche hinweg leisten.

Fokus auf Teams

Effektive Organisationen sind vor allem eins: eine Ansammlung von starken, handlungsfähigen Teams. Wer eine Organisation zukunftsfähig machen will, muss die Teams stärken, aus denen sie sich zusammensetzt. Nur wenn sie in der Lage sind, alle Probleme, auf die sie stoßen, selbst zu lösen, kann die Vision einer dezentralen Organisation Realität werden. Das bedeutet nicht nur, dass möglichst viele Kompetenzen und Perspektiven in einem Team vertreten sein sollten, sondern auch, dass die Art der Zusammenarbeit und die Beziehungen der Menschen untereinander gestärkt und verbessert werden sollten.

WAS DU AUS DIESEM KAPITEL MITNEHMEN SOLLTEST

Es gibt unzählige Methoden und Modelle, die einen Beitrag zur Transformation einer Organisation leisten können und uns inspiriert haben.

Vielen von ihnen liegt ein ähnliches Mindset zugrunde.

Dieses Mindset, diese Haltung, ist das, was für uns die Organisation der Zukunft ausmacht. Und das wollen wir in die Organisation tragen.

TEIL 2

DER LOOP APPROACH

Willkommen im Hauptteil dieses Buchs. Jetzt werden wir praktisch und sehen uns an, welche Bausteine nötig sind, um eine Organisation mithilfe des *Loop-Approach* zu transformieren. Dieser Teil gliedert sich in drei Kapitel:

1. In Kapitel 1 stellen wir die sieben Tugenden effektiver Organisationen vor: Mit diesem Framework können wir bestimmen, wo eine Organisation gerade steht, und herausfinden, in welche Richtung sie sich weiterentwickeln will.

2. In Kapitel 2 kommen wir zum Herzstück des *Loop-Approach:* einem teambasierten Transformations-Curriculum. Damit verändern wir – Team für Team – das Verhalten der Menschen in der Organisation und damit die Organisation selbst.

3. In Kapitel 3 zeigen wir, wie sich das alles in eine größere Transformationsarchitektur einbetten lässt und welche weiteren Stränge nötig sind, um den Wandel erfolgreich zu begleiten.

DIE SIEBEN TUGENDEN

Wir kommen nun zum ersten Baustein des *Loop-Approach*: den sieben Tugenden effektiver Organisationen. Es ist ein modulares Framework, das den Anspruch hat, Effektivität in ihre wichtigsten Bausteine aufzuteilen. Wir nennen diese Bausteine Tugenden.

Klare Ausrichtung

Die erste Tugend effektiver Organisationen ist eine klare Ausrichtung. Nur wenn ganz klar ist, was die Organisation überhaupt will und wie sie darauf hinwirkt, kann auch effektiv gearbeitet werden. Zur Ausrichtung gehören viele Elemente wie ein gemeinsamer Sinn/Purpose, Strategien und Ziele und die Kommunikation, die mit ihnen verbunden ist.

Gut genutzte Potenziale

Die zweite Tugend effektiver Organisationen besagt, dass alle Potenziale in der Organisation bekannt sind und gut genutzt werden. Das hat vor allem mit den Menschen zu tun, die in der Organisation arbeiten: Ist wirklich bekannt, wer was kann und wie diese Fähigkeiten gut genutzt werden können?

Verteilte Verantwortlichkeiten

Die dritte Tugend schließt nahtlos an die zweite an: Wenn alle Fähigkeiten und Potenziale bekannt sind, sollten sie mit den Rollen und Verantwortlichkeiten in einer Organisation in Übereinstimmung gebracht werden. Fragen, die Organisationen sich stellen müssen: Grenzen wir die einzelnen Verantwortlichkeiten klar und eindeutig ab? Liegen alle Rollen bei der Person, die sie am besten ausfüllen kann?

Individuelle Effektivität

Eine Organisation, die effektiv sein will, muss Sorge dafür tragen, dass die Menschen, aus denen sie besteht, auch in der Lage sind, gut zu arbeiten. Verfügen alle über die Fähigkeiten und Kenntnisse, die nötig sind, um effektiv zu arbeiten? Können alle für sich einen wertvollen Beitrag zum großen Ganzen leisten?

Effektivität als Team

Auch wenn jeder für sich allein gut arbeitet, macht das noch kein funktionierendes Team. Teams sollten in der Lage sein, effektiv miteinander zu kommunizieren und Arbeitsergebnisse zu synchronisieren. Und sie sollten ihre Meeting-Routinen so gestalten, dass Meetings keine Zeit und Energie rauben, sondern eine sinnvolle Zusammenarbeit ermöglichen.

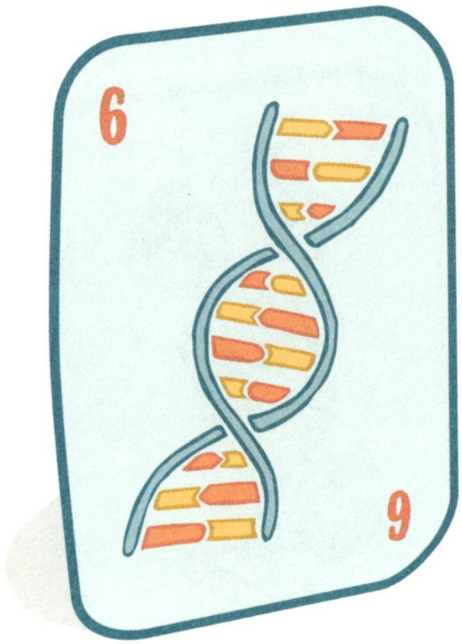

Anpassungsfähigkeit

Die sechste Tugend geht einen Schritt weiter: Sind Teams und ganze Organisationen in der Lage, sich selbst ständig weiterzuentwickeln und ihre Struktur und Regeln den Veränderungen ihrer Umwelt anzupassen? Effektive Organisationen beherrschen diese Tugend, sie passen sich schnell und reibungslos an, und das kontinuierlich.

Feedback- und Konfliktkompetenz

Eng mit dem vorherigen Punkt hängt die siebte und letzte Tugend zusammen: In effektiven Organisationen sind die Menschen in der Lage, sich konstant Feedback zu geben, aus diesem zu lernen, und darüber hinaus auch Konflikte so konstruktiv zu lösen, dass sie gestärkt aus ihnen hervorgehen.

Klarheit, Ergebnisse, Evolution

Einen wichtigen Teil des *Loop-Approach* haben wir nun kennengelernt: die sieben Tugenden effektiver Organisationen. Offen ist noch, wie sich dieses Zielbild zur Realität machen lässt. Dafür braucht es den *Loop*. Die sieben Tugenden lassen sich nämlich in drei wichtige Schritte zusammenfassen. Und diese drei Schritte bilden einen Kreis, den jede effektive Organisation (und jedes ihrer Teams) immer wieder durchläuft.

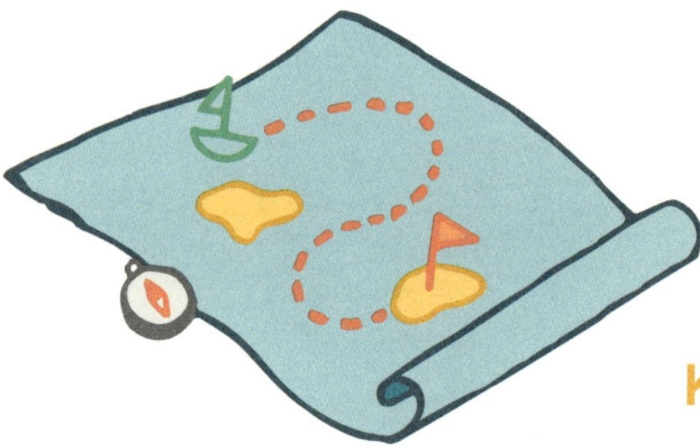

Klarheit

Zunächst braucht die Organisation Klarheit: Wer sind wir, was wollen wir, wie steuern wir uns? Welche Potenziale haben wir, wie nutzen wir sie ideal und bringen sie mit Rollen und Verantwortlichkeiten in Übereinstimmung?

Ergebnisse

Wenn Klarheit gegeben ist, soll diese in Ergebnisse übersetzt werden: Gelingt es, als Individuen wie als Team, gut synchronisiert effektiv zu sein und sinnvolle Ergebnisse zu schaffen?

Evolution

Aus dem Arbeiten heraus entstehen fortlaufend Spannungen und Konflikte: Gelingt es der Organisation, diese aufzulösen und in sinnvolle Veränderungen zu übersetzen?

Der *Loop-Approach* ist also kein Prozess mit Anfang und Ende, der zu einem Zeitpunkt A beginnt und zu einem späteren Zeitpunkt B abgeschlossen ist. Die Transformation endet nie, die Organisation wird nicht *fertig*.

Stattdessen beginnt der Kreislauf immer wieder von vorne …

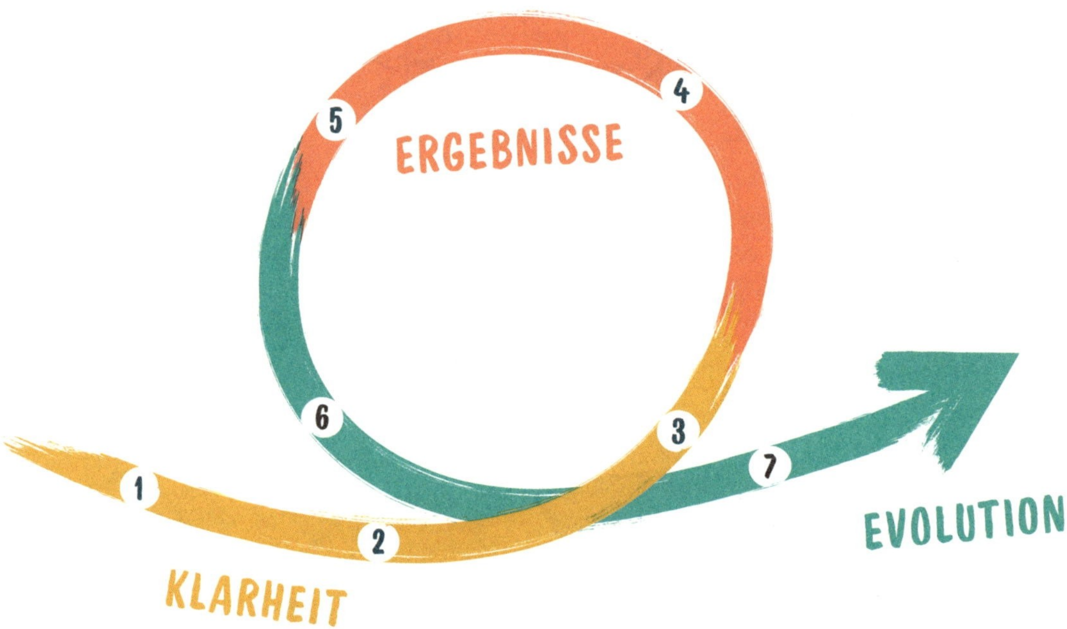

1 KLARE AUSRICHTUNG

2 GUT GENUTZTE POTENZIALE

3 VERTEILTE VERANTWORTLICHKEITEN

4 INDIVIDUELLE EFFEKTIVITÄT

5 EFFEKTIVITÄT ALS TEAM

6 ANPASSUNGSFÄHIGKEIT

7 FEEDBACK- & KONFLIKTKOMPETENZ

WAS DU AUS DIESEM KAPITEL MITNEHMEN SOLLTEST:

Die sieben Tugenden effektiver Organisationen sind

1. **Klare Ausrichtung**
2. **Gut genutzte Potenziale**
3. **Verteilte Verantwortlichkeiten**
4. **Individuelle Effektivität**
5. **Effektivität als Team**
6. **Anpassungsfähigkeit**
7. **Feedback- und Konfliktkompetenz**

Die sieben Tugenden gruppieren sich in die drei Schritte des *Loops*: *Klarheit, Ergebnisse, Evolution.* Die drei Schritte bilden einen Kreis, den jede effektive Organisation immer wieder durchläuft.

Der *Loop* bildet die Grundlage des teambasierten Transformations-Curriculums, das Teams dazu befähigt, die sieben Tugenden zu verinnerlichen und sich dem Zielbild einer effektiven Organisation anzunähern.

LOOP

Our Journey to a Next Level
ORGANIZATION
MODUL 3
B
MODUL 1

DER LOOP

Wir kommen nun zum Herzstück des *Loop-Approach*: dem teambasierten Transformations-Curriculum. Ziel des Curriculums ist es, in einem Team die Art zu verändern, wie über Arbeit gedacht und gesprochen wird – und damit die Arbeit selbst. Basierend auf den sieben Tugenden effektiver Organisationen drehen wir gemeinsam mit dem Team alle wichtigen Steine der Zusammenarbeit um. An jeder Stelle fragen wir uns: Sollten wir hier etwas verändern?

Um die Organisation zu verändern, fokussieren wir uns auf Teams. Warum? Weil Teams der Ort sind, an dem die eigentliche Arbeit geschieht. Effektive Organisationen bestehen aus effektiven Teams. Individuelle Leistung ist in unserem Verständnis von Organisationen eine Illusion: Wann immer etwas Bedeutungsvolles geschaffen wird, steckt die Arbeit eines oder mehrerer Teams dahinter. Und weil Teams in guten Organisationen keine Silos mehr sind, schwappen Veränderungen schnell von einem Team zum anderen über – zumindest dann, wenn sie funktional sind und einen Mehrwert bieten.

Zusätzlich fokussieren wir uns bei der Transformation auf das Verhalten der Menschen. Während über die Kultur gerne viel gesprochen wird, man aber nicht allzu viel für ihren Wandel tun kann, lässt sich Verhalten gezielt verändern, indem man aufzeigt, wie es anders gehen könnte. Wir bieten Alternativen an. So verändert sich das Verhalten und darüber auch die Haltung und Kultur. Das ist einfacher und effektiver als andersherum.

Und: Wir fokussieren uns auf Sprache. Fast alles, was in einer Organisation geschieht, ist Kommunikation. Um das Verhalten von Menschen zu verändern, setzen wir also bei ihren Sprachgewohnheiten an. Wie kommunizieren wir über Arbeit? Wie sprechen wir über Verantwortung? Wie fordern wir uns gegenseitig heraus? Wie spricht jemand, der die Autonomie des anderen wahrt und trotzdem sein kritisches Feedback nicht zurückhält?

All das findet sich in unserem Curriculum wieder. Es besteht aus drei Modulen: Klarheit, Ergebnisse und Evolution. Die Module bauen aufeinander auf, und in der Regel setzen wir jedes in Form eines zweitägigen Workshops um. Jeder der sechs Workshoptage beginnt mit einem Check-in und endet mit einem Check-out.

KLARHEIT

Klarheit ist die Basis guten Arbeitens. Deshalb starten wir die Transformation auch mit einem Modul zu dem Thema. Das Team schafft sich hier eine gemeinsame Grundlage, um selbstorganisiert arbeiten zu können. Es verständigt sich über die gemeinsamen Ziele und den übergeordneten Purpose, über die im Team vorhandenen Kompetenzen und darüber, was die Teammitglieder eigentlich den ganzen Tag machen.

Das erste Modul ist in drei Bausteine unterteilt:

1 ***Klare Ausrichtung:*** Wofür existiert das Team, was ist sein Daseinsgrund?
2 ***Gut genutzte Potenziale:*** Welche Kenntnisse und Fähigkeiten bringen die Teammitglieder ein?
3 ***Verteilte Verantwortlichkeiten:*** Wie verteilen sich die Verantwortlichkeiten im Team auf Rollen?

Ein Workshop zum Modul 1 war für uns dann erfolgreich, wenn wir mit dem Team am letzten Tag diese Ziele erreicht haben:

- [ ] Das Team hat verstanden, was der *Loop-Approach* ist und welche Bausteine er beinhaltet.
- [ ] Der gemeinsame Purpose, also der Existenzgrund des Teams, steht und ist formuliert.
- [ ] Das Team hat die Stärken der einzelnen Teammitglieder identifiziert und offengelegt. Auf dem Weg dorthin sind die Mitglieder näher zusammengerückt.
- [ ] Jede*r Teilnehmende kennt die eigenen Verantwortungsbereiche und hat sie in Rollen übersetzt. Die Rollen sind klar abgegrenzt und für alle transparent.
- [ ] Das Team hat das Konzept von Spannungen verstanden und begonnen, damit zu arbeiten.

Klare Ausrichtung: Wofür existiert das Team, was ist sein Daseinsgrund?

Der erste Baustein, um zur Klarheit zu gelangen, ist die Ausrichtung auf ein gemeinsames Warum. In diesem ersten Teil des Moduls lernt das Team, mit Spannungen zu arbeiten, und findet einen gemeinsamen Purpose.

ARBEITEN MIT SPANNUNGEN

Das Arbeiten mit dem *Loop-Approach* kann ohne die Kompetenz, permanent Spannungen einzubringen und gemeinsam zu lösen, nicht funktionieren. Wie schon erwähnt: Mit dem *Loop-Approach* geben wir zwar eine Struktur vor, um überhaupt loslegen zu können. Sie enthält aber Leerstellen und kann im Prozess jederzeit angepasst werden. Treiber solcher Anpassungen sind Spannungen.

Eine Spannung ist nach unserem Verständnis[5] jeglicher Unterschied zwischen dem, was ist, und dem, was sein könnte. Sie ist nichts per se Negatives, sondern ein positiver Impuls zur Veränderung, ein ungenutztes Potenzial, das erst dann produktiv wirken kann, wenn die zugrunde liegende Spannung ins Team eingebracht wurde. Ganz wichtig dabei: Eine Organisation hat keine Spannung, ein Team hat auch keine Spannung. Eine Spannung entsteht in einer Person. Deshalb ist auch sie dafür verantwortlich, die Spannung einzubringen, damit etwas Neues entstehen kann.

Um sicherzustellen, dass Spannungen von Anfang an einen Platz haben, führen wir ganz zu Beginn einen Spannungsspeicher ein. Alle im Prozess aufkommenden Spannungen von Teilnehmenden werden von da an in den Speicher aufgenommen und in fest in der Agenda verankerten Zeitfenstern bearbeitet. So muss niemand eine Spannung bei sich behalten und möglicherweise frustriert durch den Workshop schleppen. Alle Spannungen werden zum gegebenen Zeitpunkt gelöst.

5 | Angelehnt an die Definition, die wir aus Holacracy kennen.

SPANNUNGEN

DER TREIBSTOFF DER ORGANISATIONEN

SPANNUNGEN SIND: IDEEN WÜNSCHE BEDÜRFNISSE OPTIMIERUNGSPOTENZIALE GEISTESBLITZE ANREGUNGEN PROBLEME KONFLIKTE …

Jeder Impuls zur Veränderung

Einen kompetenten Umgang mit Spannungen empfehlen wir auch beim Lesen dieses Buches. Sollten sich dir beim Lesen der Module Fragen stellen, sollten Widersprüche auftauchen, notiere sie dir als Spannungen. Vielleicht lösen sich diese Spannungen beim Lesen nachfolgender Kapitel von alleine. Und wenn nicht, freuen wir uns über eine Nachricht – besonders, wenn sie so anfängt: »Ich habe eine Spannung mit …«

AM ANFANG STEHT DAS WARUM

Zu diesem Zeitpunkt sollten die meisten Teilnehmer*innen zumindest ein grobes Verständnis davon haben, weshalb sie in diesem Workshop sitzen. Ganz sicher ist, dass nicht alle das gleiche Verständnis haben, das macht aber nichts. Und trotzdem ist es ganz entscheidend, zunächst gemeinsam die Frage nach dem *Warum* auf unterschiedlichen Ebenen zu beantworten.

Die erste Frage ist, warum sich das Team auf diese Transformationsreise begibt. Die Teilnehmenden verorten hierfür das anwesende Team auf den *sieben Tugenden effektiver Organisationen* auf einer Skala von eins bis zehn. Dabei ist es wichtig, dass alle Teilnehmenden diese Bewertung einzeln für sich vornehmen, um den Gruppendruck zu reduzieren. Erst anschließend werden die Ergebnisse zusammengetragen und miteinander diskutiert. So wird deutlich, wo sich das Team aktuell sieht und wo sich die Teilnehmenden Veränderungen wünschen.

Als Zweites geht es darum, den Blick auf die Frage zu richten, warum es neue Organisationen überhaupt braucht. Zu diesem Zweck erstellen wir mit den Teilnehmenden eine Bestandsaufnahme auf den fünf Entwicklungsstufen von *Spiral Dynamics*. Dadurch wird nicht nur deutlich, warum es neue Organisationen braucht, sondern auch, dass jedes Team für sich herausfinden muss, welche Form von Organisation die Passendste ist. Der Loop-Approach hilft dem Team dabei, genau das für sich herauszufinden und dabei Bewährtes zu bewahren. Unser Eindruck ist, dass in dem Moment, in dem deutlich wird, dass das Team, nicht die nächste heilsversprechende Methode, im Fokus steht, ein kollektives Aufatmen und eine Offenheit für die weitere Loop-Reise entstehen.

Als Drittes stellen wir uns der Frage, wofür es das Team braucht. Was würde fehlen, wenn es das Team nicht gäbe? Dafür erarbeiten wir den gemeinsamen Purpose. Englisch-deutsche Wörterbücher schlagen für Purpose unter anderem die Übersetzungen Absicht, Zweck, Ziel, Aufgabe, Verwendungszweck, Bestimmung, Zweckbestimmung und, veraltet, Behuf vor. Wenn wir im organisationalen Kontext über den Purpose sprechen, meinen wir damit den Daseinsgrund beziehungsweise den tiefer liegenden Sinn und Zweck der Organisation.

Was für das Individuum der Grund ist, jeden Morgen aufzustehen, der eigene Lebenssinn, ist für die Organisation also der Purpose: die Antwort auf die Frage, warum sie existiert.

Wir glauben: In einem komplexen, volatilen Umfeld, in dem wir alle nur wenige Meter weit gucken können, kann dieser Purpose genau die Kraft sein, die uns zieht. Der Purpose ist für Organisationen ein Magnet, ein unsichtbarer Klebstoff, der die Gruppe zusammenhält und ihr allgemeine Orientierung gibt. Und er hilft dabei, die unvermeidbare Unsicherheit besser zu ertragen – ja, sogar in Produktivität umzuwandeln.

PURPOSE

SINN UND ZWECK, DASEINSGRUND

- Wofür braucht uns die Welt?
- Was zieht mich?
- Wofür stehe ich jeden Morgen auf?

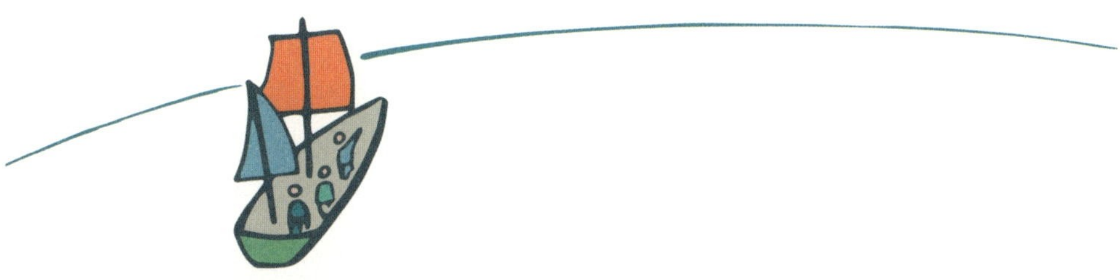

VOM WARUM ZUM WIE UND WAS

Wie wirkungsvoll ein gemeinsames Warum sein kann und wie es sich auf unser Handeln auswirken kann, wird mit Blick auf den goldenen Kreis von Simon Sinek deutlich. Der Unternehmensberater und Autor des Bestsellers *Start With Why (Frag immer erst: Warum)* unterscheidet darin die drei Ebenen Warum, Wie und Was und zeigt, wie sie zusammenhängen. Das lässt sich am Beispiel des US-Unternehmens Tesla gut nachvollziehen.

Im Zentrum des Kreises steht der Purpose. Bei Tesla könnte er lauten: Wir wollen den weltweiten Wandel zu nachhaltiger Energie und Mobilität beschleunigen.

Ist das Warum geklärt, geht es ums Wie, also um die Frage: Wie kommen wir dahin, wo wir hinwollen? Darin enthalten ist die Auseinandersetzung mit den eigenen Alleinstellungsmerkmalen. Tesla steuert zum eigenen Purpose bei, indem es sich bemüht, die Vorstellung von langsamen, hässlichen Elektroautos mit schlechter Reichweite zu verändern.

Aus den beiden ersten Kreisen ergibt sich schließlich das Was. Auf dieser Ebene geht es darum, Produkte oder Dienstleistungen zu bauen und konkrete Ziele zu erreichen. Die Frage ist also: Was tun wir genau? Auch hier hilft ein Blick auf Tesla, denn was das Unternehmen macht, ist, ein erschwingliches, hochwertiges und leistungsstarkes Elektroauto anzubieten.

Einen kraftvollen Purpose hat man also nicht, damit es schön aussieht. Er hilft vielmehr dabei, kohärente Entscheidungen zu treffen, die zu etwas Größerem zusammenwirken. Den Teilnehmenden das klarzumachen ist wichtig, damit sie merken, dass ein Purpose nicht bloß abstrakt auf irgendwelchen Metaebenen herumschwebt, sondern auch im operativen Alltag nützlich ist.

Der goldene Kreis

VON SIMON SINEK

DAS PURPOSE-INTEGRATIONSTURNIER

Um besser arbeiten zu können, braucht eine Organisation also Klarheit über ihren Purpose, und das bestenfalls auf der Ebene der Gesamtorganisation, auf Teamebene und auf individueller Ebene. Idealerweise überschneiden sich diese Sinneinheiten oder sind mindestens gut miteinander vereinbar. Sollte das nicht so sein oder sollte sich etwas daran falsch anfühlen, ist das eine Spannung. Und die kommt in den Spannungsspeicher.

Leitfragen, um in einem Team den gemeinsamen (Team-)Purpose zu finden, sind:

- *Wofür braucht uns die Welt (als Team)?*
- *Was treibt mich (individuell) an? Wofür stehe ich jeden Morgen auf?*

Unsere Methode, der Antwort auf die Frage nach dem Warum in kurzer Zeit näherzukommen, ist das Purpose-Integrationsturnier. Es besteht aus drei Schritten:

Die Stakeholder-Map

Im ersten Schritt erstellt die Gruppe eine Mindmap mit allen Stakeholder*innen, für die das Team einen Mehrwert zu schaffen glaubt. Dazu gehören Personen, die mit dem Team zu tun haben, andere Teams, aber auch externe Instanzen wie die Gesellschaft oder der Planet. Die Frage, auf welche die Teilnehmenden Antworten suchen, lautet also: Für wen schaffen wir einen Mehrwert?

Die Teilnehmenden sammeln auf Post-its alle Stakeholder*innen, die ihnen einfallen. Dabei gibt es kein Richtig oder Falsch, kein Gut oder Schlecht. Es geht darum, Masse zu erzeugen, also möglichst viele Beteiligte zu identifizieren. Auch Dopplungen sind erwünscht. Ganz wichtig ist, dass auf jeden Zettel nur eine Sache geschrieben wird, damit sie später neu angeordnet werden können. Die Post-its kommen sofort an die Wand. Häufig inspirieren sie die anderen Teilnehmenden und stoßen noch weitere Einfälle an.

2 Mehrwert-Cluster

An dieser Stelle ist klar, für wen das Team Mehrwert schafft, aber noch nicht, worin eigentlich der Mehrwert besteht. Die identifizierten Stakeholder*innen dienen nun als Orientierung, um genau das zu ermitteln. In diesem Schritt schreiben die Teilnehmenden auf Post-its, welchen Mehrwert das Team für andere schafft, und kleben auch diese an eine Wand. Erneut gilt: Die ersten Punkte werden schon an die Wand geklebt, während die anderen Teilnehmenden noch schreiben.

Nun sortiert die Gruppe die identifizierten Aspekte, sodass ähnliche Arten des Mehrwerts beisammen kleben. Anschließend bekommt jedes Cluster eine Überschrift, die alle Unterpunkte im Cluster abbildet. Die Überschrift sollte ein abstrakter Begriff sein wie beispielsweise Zuverlässigkeit, Empowerment, Geschwindigkeit, Wärme. Idealerweise hat die Gruppe am Ende fünf bis sieben Cluster identifiziert und beschriftet, die abbilden, welchen Mehrwert sie in die Welt bringt. Diese Begriffe dienen aber nur der Orientierung. Eine Wortkette aus sieben aneinandergereihten abstrakten Begriffen ist kein guter Purpose!

3 Integrationsturnier

In diesem Schritt schreiben zunächst alle Teilnehmenden für sich auf, wie der Purpose lauten könnte. Die Sätze dürfen noch sehr lang und sperrig sein, da sie im Verlauf der Übung sowieso verworfen werden. Was entsteht, sind kleine, unperfekte Purpose-Prototypen, die all das zusammenfassen, was das Team in den ersten beiden Schritten entwickelt hat. Um auf Formulierungen zu kommen, hilft es, sich immer wieder die Frage »Warum werden wir gebraucht?« zu stellen und die Antwort mit »Wir ...« zu beginnen. Häufig ist es zudem sinnvoll, die ersten Prototypen mit Sineks goldenem Kreis abzugleichen und sich zu fragen, welche Bestandteile des Satzes das Was beschreiben, welche das Wie und welche das Warum.

Dann beginnt das eigentliche Integrationsturnier.

Immer zwei Gruppenmitglieder tun sich zusammen und entwickeln in fünfzehn Minuten eine neue Formulierung für den Purpose. Ziel ist nicht, sich auf eine der schon vorhandenen Skizzen zu einigen, sondern gemeinsam eine neue zu erschaffen, mit der beide vorerst zufrieden sind. Auch hier bietet es sich an, den Prototyp mithilfe des goldenen Kreises zu präzisieren. Steht der neue Satz, bestimmen die beiden eine*n Repräsentant*in für die nächste Runde.

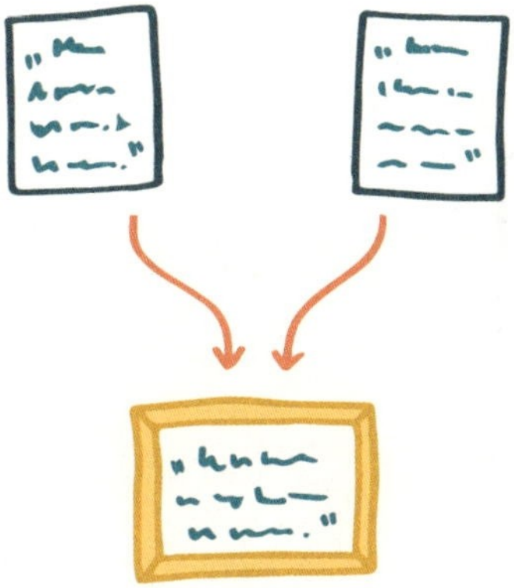

Die andere Person kann als Zuschauer*in anwesend bleiben, darf aber nicht mitreden oder mitentscheiden.

Wer als Vertreter*in bestimmt wurde, tut sich in der nächsten Runde mit dem*der Repräsentant*in eines anderen Zweierteams zusammen, und gemeinsam wiederholen sie das Vorgehen. Heißt: Beide einigen sich auf Basis ihrer Skizzen auf eine neue Formulierung und bestimmen anschließend eine Person, die damit in die nächste Runde geht.

In der letzten Runde des Integrationsturniers sind nur noch zwei Versionen übrig. Auch diese werden integriert. Das Ergebnis der Runde wird der Gruppe präsentiert und gemeinsam geprüft. An dieser Stelle sollte schon deutlich klarer sein, was das Warum ist und wie es mit dem Wie und dem Was zusammenhängt. Einwände aus der Gruppe werden aufgenommen und nach Möglichkeit gemeinsam gelöst. Ganz wichtig: Der entwickelte Purpose ist nicht endgültig. Ziel der Übung ist es vielmehr, einen Prototyp zu entwickeln, mit dem sich die Gruppe fürs Erste wohl fühlt. Das ist Teil des neuen Mindsets: Was gut und sicher genug ist, um es zu testen, wird beibehalten – zumindest vorerst, bis jemandem etwas noch Besseres einfällt.

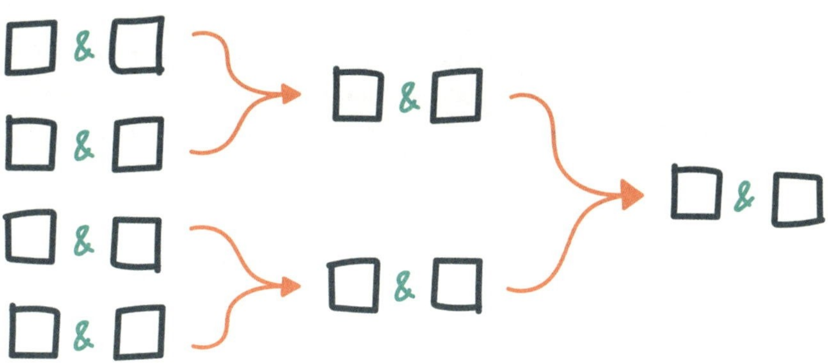

Purpose, Strategie, Ziele – Abgrenzung in einem Bild

- In unserer Arbeit stoßen wir oft auf die Frage, wie sich die Konzepte Purpose, Strategie, Ziele eigentlich abgrenzen lassen. Die Abbildung kann diese Diskussion erleichtern.
- Falls eine Organisation oder ein Team nicht gut darin ist, sich Ziele zu setzen, diese auch nachzuverfolgen oder Strategien und Prioritäten festzulegen, dann ist das eine große und wichtige Spannung.
- Der *Loop-Approach* bietet viele Wege, um sie zu lösen: in Form einer Rolle (Modul 1), in Form eines Regel-Meetings (Modul 2) oder in Form eines Ergänzungsmoduls zum Thema Zielsetzung/Strategie (siehe nächstes Kapitel).

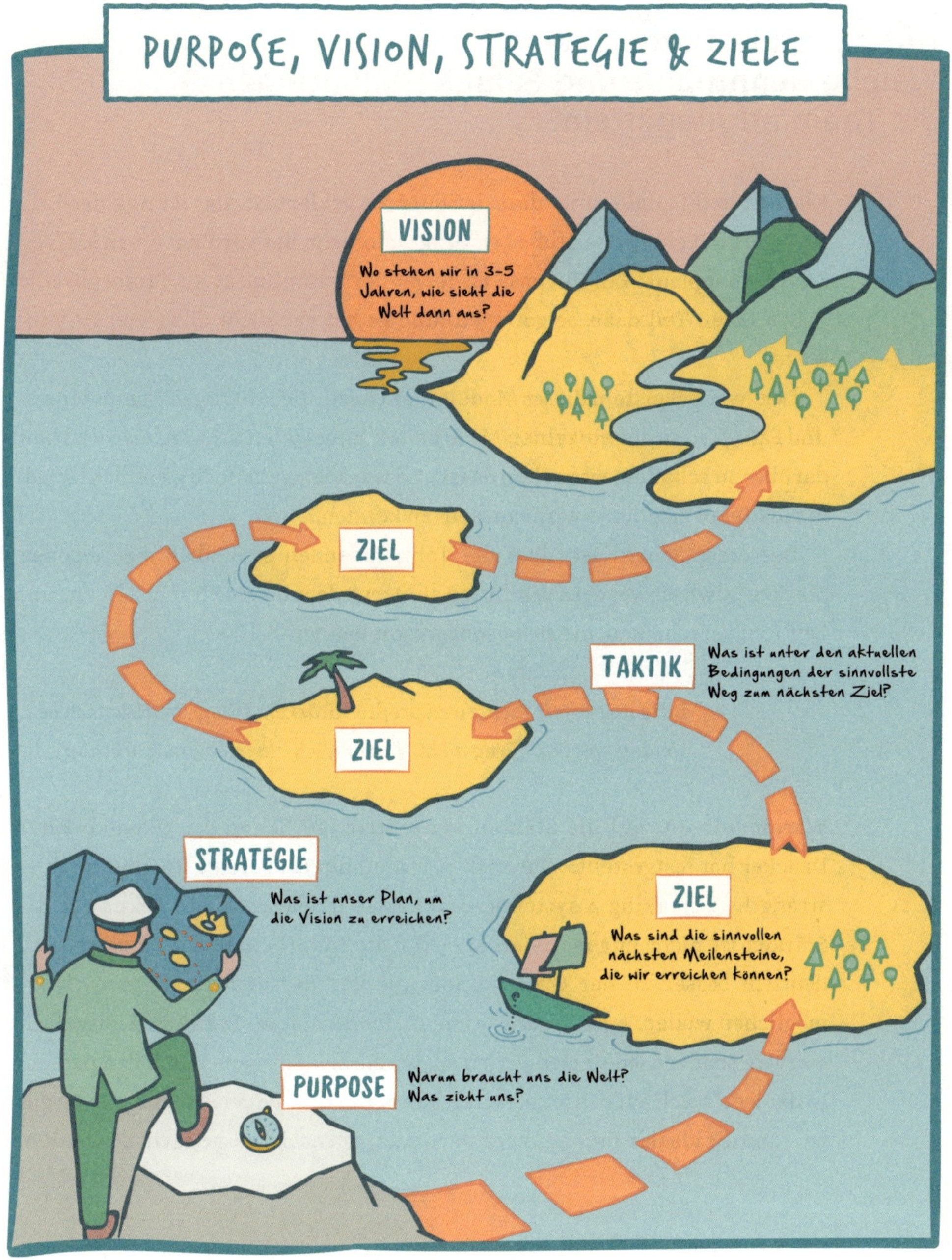
PURPOSE, VISION, STRATEGIE & ZIELE
VISION
Wo stehen wir in 3–5 Jahren, wie sieht die Welt dann aus?
ZIEL
TAKTIK
Was ist unter den aktuellen Bedingungen der sinnvollste Weg zum nächsten Ziel?
ZIEL
STRATEGIE
Was ist unser Plan, um die Vision zu erreichen?
ZIEL
Was sind die sinnvollen nächsten Meilensteine, die wir erreichen können?
PURPOSE
Warum braucht uns die Welt? Was zieht uns?

Gut genutzte Potenziale: Welche Kenntnisse und Fähigkeiten bringen die Teammitglieder ein?

Klarheit heißt zuallererst, dass der Purpose geklärt ist. Das ist nun der Fall. Das Team hat eine erste große Leistung vollbracht, das verdient einen kleinen Zwischenapplaus: Ein Purpose ist formuliert, zumindest als Prototyp. Alle haben ihren Teil dazu beigetragen, und es hat gar nicht allzu viel Zeit gekostet.

Der zweite Baustein dieses Moduls dient dazu, die jeweiligen Kompetenzen und Fähigkeiten der einzelnen Mitarbeiter*innen offenzulegen, also Klarheit darüber zu schaffen, was schon da ist und was vielleicht noch gebraucht wird, um als Team möglichst wirksam sein zu können.

Der erste Schritt ist, dass die Teilnehmenden sich über ihre eigenen Stärken bewusst werden. Wir bitten sie gerne darum, eine Nachricht an fünf Leute zu verschicken, die sie besonders gut kennen:

> *Bitte nenne mir meine drei größten Stärken, Dinge, in denen ich besonders gut bin. (Frag nicht, warum, ich bin in einem Workshop ...)*

Warum wir uns auf die Stärken konzentrieren? Schon der Ökonom Peter Drucker hat festgestellt: »The task of leadership is to create an alignment of strengths ... making a system's weaknesses irrelevant.« Ein Fokus auf die Stärken ist nicht nur motivierender für die Mitarbeitenden. Er passt auch deutlich besser zu der Organisation, die wir mit dem *Loop-Approach* ermöglichen wollen: eine Organisation, in der nicht feste Positionen ausgefüllt werden, sondern jede*r sich Rollen sucht, die zu den eigenen Stärken passen. In der jede*r sich auf das fokussieren kann, worin er oder sie schon richtig gut ist – und die idealen Bedingungen vorfindet, um noch besser darin zu werden.

MEIN PERSÖNLICHES PROFIL

Damit alle Teammitglieder wissen, wo ihre eigenen und die Stärken ihrer Kolleg*innen liegen, erstellen sie Personenprofile. Das geschieht in vier Schritten:

1 Sammlung der eigenen Stärken

Um eine Grundlage zu haben, sammelt zunächst jede*r Teilnehmende eigene Stärken. Jeder Punkt wird auf einem Post-it notiert. Dabei können zwei Fragen helfen: Was kann ich wirklich gut? Worin bewirke ich etwas?

Zusätzlich zum Selbstbild sollte auch schon ein erstes Fremdbild festgehalten werden. Als Input dienen dafür die Antworten, die auf die vorher verschickte Nachricht gekommen sind. Die Punkte müssen nicht priorisiert werden und sich auch nicht auf den Arbeitskontext beschränken.

2 Was die Kolleg*innen in mir sehen

Um herauszufinden, welche Stärken die anderen Teammitglieder in ihnen sehen, legen alle Beteiligten im nächsten Schritt einen Zettel für sich an, der dann einmal reihum durch die Runde geht. Darauf ergänzen alle zu jedem den Satz: »Ich schätze an [Name], dass …« Anschließend knicken sie die geschriebene Zeile um, sodass sie nicht mehr zu sehen ist, und geben den Zettel an die nächste Person weiter, die eine neue Zeile hinzufügt. Damit dabei nicht nur nichtssagende Allgemeinplätze herauskommen, hilft es, sich ganz konkrete Situationen ins Gedächtnis zu rufen, die man mit der jeweiligen Person verbindet. Die Teilnehmenden sollen sich also fragen, worüber sie sich im gemeinsamen Kontakt besonders gefreut haben, und nicht sagen: »Du bist …« Ist der Zettel wieder bei der Person angekommen, die ihren Namen auf ihn geschrieben hat, endet dieser Schritt.

3 Profile ausfüllen

In diesem Schritt füllen die Teilnehmenden die Personenprofile aus, genauer gesagt: Sie lassen sie ausfüllen. Dafür finden sie sich in Zweiergruppen zusammen und tauschen sich über die eigenen Stärken aus. Als Orientierung dienen die drei Kategorien unserer Vorlage:

- *»Ich kann gut …«*
  (Beispiele: »Ich kann gut den Fokus behalten, wenn alle Leute um mich herum abdriften«, »Ich kann gut angefangene Ideen wieder verwerfen«)
- *»Sprich mit mir über …«*
  (Beispiele: »Sprich mit mir über die Frage, wie die Schule der Zukunft aussehen wird«, »Sprich mit mir über richtig gute italienische Restaurants in Berlin«)
- *»Bitte nicht …«*
  (Beispiele: »Bitte nicht versuchen, mit mir schlecht über andere Leute zu reden«, »Bitte nicht zu einem Meeting einladen, ohne mir vorher eine Agenda zu schicken«)

Eine der beiden Personen spricht über sich selbst, die andere hört still zu und füllt dabei die Vorlage aus. Beide Personen teilen dabei nur das, was sie in diesem Moment teilen möchten. Auch die Figur in der Mitte wird ausgemalt und ergänzt, um eine visuelle Repräsentation des Gegenübers zu erhalten.

NAME

ICH KANN GUT …

SPRICH MIT MIR ÜBER …

BITTE NICHT …

4 Sich einander vorstellen lassen

Dann geht es zurück in die große Runde. Dabei spricht kein Teammitglied über sich selbst. Stattdessen stellen sich die Personen aus den Zweiergruppen gegenseitig vor. Es geht im Workshop schließlich auch darum, als Team näher zusammenzurücken und sich auch mal aus der Perspektive der anderen zu sehen. So räumt das Team unnötige Kommunikationshürden aus dem Weg. Nach der Vorstellung dürfen alle Teilnehmenden nachfragen, um die Beispiele noch konkreter zu machen oder Stärken zu ergänzen, die ihnen besonders wichtig sind. Zuletzt entscheidet die Gruppe, wo die Profile aufgehängt werden – und ob das überhaupt gewünscht ist.

MEIN PERSÖNLICHES PROFIL

ZIEL:
Jede*r Teilnehmende verfügt über ein Profil, das Auskunft über die eigenen Stärken gibt. Alle Profile wurden mit der Gruppe geteilt.

4+ PERSONEN	1,5–2 STUNDEN	Post-its, Stifte, Flipchart/Whiteboard

Verteilte Verantwortlichkeiten: Wie verteilen sich die Verantwortlichkeiten im Team auf Rollen?

Im letzten Teil des ersten Moduls begleiten wir das Team dabei herauszufinden, wie es in Rollen arbeiten kann. Denn das Denken in Rollen ist ein ganz wesentlicher Bestandteil des *Loop-Approach*. Warum das so wichtig ist, wird klar, wenn wir unser Verständnis von Rollen mit klassischen, starren Positionsbeschreibungen vergleichen. Das machen wir gemeinsam mit dem Team.

POSITION ↔	ROLLE
Eine Position ist starr. Ein Unternehmen schreibt sie aus und sucht dafür einen Menschen, der die Position ausfüllt.	Eine Rolle ist flexibel. Sie wird erst dann geschaffen und besetzt, wenn es einen Bedarf dafür gibt. Und jederzeit wieder abgeschafft, wenn der Bedarf erfüllt ist.
Eine Position ist breit angelegt. In klassischen Organisationen hat jede Person genau eine Position inne, die es in Vollzeit auszufüllen gilt.	Eine Rolle ist präzise und von einem Bedarf her gedacht. Braucht es jemanden, der sich darum kümmert, dass neue Kunden in das CRM-System eingepflegt werden? Dann kann dafür eine Rolle geschaffen werden.
Das Gehalt ist an die Position gebunden. Dafür gibt es in klassischen Organisationen feste Regeln. Wer also in eine andere Position wechselt, kriegt auch ein anderes Gehalt.	Eine Rolle ist nicht direkt vergütungsrelevant. Das würde schon deshalb nicht funktionieren, weil die meisten Mitarbeitenden mehrere Rollen innehaben. Es braucht also neue Kriterien für eine faire Vergütung.
Wie schon angedeutet: In klassischen Organisationen hat jede*r Mitarbeitende genau eine Position. Wenn eine neue Tätigkeit anfällt, braucht es dafür eine neue Position, die mit einem neuen Teammitglied besetzt wird.	Im Rollenmodell haben Mitarbeitende gleichzeitig mehrere Rollen. Die erfordern unterschiedlich viel Zeit und sind teilweise in anderen Teams angesiedelt. Je nach Priorisierung füllt jede Person ihre jeweiligen Rollen unterschiedlich intensiv aus.

Ein Beispiel: In der alten Organisationslogik gibt es eine Abteilungsleiter*in, die ganz vielfältige Verantwortungen hat und erfüllen muss, darunter möglicherweise auch solche, die ihr gar nicht besonders liegen, die aber nun einmal dazugehören. In einer Rollenlogik besteht die Möglichkeit, diese Verantwortungen auf mehrere Personen zu verteilen: bestenfalls so, dass alle Rollen zu den individuellen Stärken und Vorlieben ihrer Inhaber*innen passen.

Wir glauben beispielsweise, dass es in Teams sinnvoll ist, die Rollen *Lead* und *Coaching* voneinander zu trennen. Während in der Lead-Rolle strategische Entscheidungen getroffen werden, die das ganze Team betreffen, und regelmäßige Feedbackgespräche geführt werden, kümmert sich die Coaching-Rolle darum, dass sich alle Teammitglieder voll entfalten können. Eine Abteilungsleitung im klassischen Sinne müsste wohl beide Verantwortungen ausfüllen. Dabei ist es sehr unwahrscheinlich, dass eine Person die nötigen Fähigkeiten vereint, um beiden Aufgaben voll gerecht zu werden.

Gibt es in einem Team sehr viele Rollen, kann die Lage schnell unübersichtlich werden. Deshalb ist es entscheidend, dass Rollen und die dazugehörigen Verantwortlichkeiten explizit gemacht werden. Die Rollenbeschreibung macht eine Person nicht austauschbar, aber falls jemand entscheidet, nächste Woche einfach nicht mehr zur Arbeit zu kommen, wissen die anderen Teammitglieder genau, was liegen bleibt.

Entwicklung einer gemeinsamen Rollenstruktur

Häufig arbeiten wir mit Teams zusammen, die entweder noch in klassischen Positionen denken oder gerade erst damit anfangen, rollenbasiert zu arbeiten. In einer längeren Übung helfen wir ihnen dabei, ihre tatsächlichen Tätigkeiten in Rollen zu übersetzen. Das geschieht in fünf Schritten:

Die eigenen Tätigkeiten aufschreiben

Zunächst fangen wir bei dem an, was schon da ist. Im Idealfall denken die Teilnehmenden schon einige Tage vor dem Workshop darüber nach, was ihre wichtigsten (fünf bis fünfzig) wiederkehrenden Tätigkeiten in einer typischen Arbeitswoche sind. Die Aktivitäten müssen sich auf die Arbeit im Team beziehen. »Die Kinder zur Schule bringen« ist also keine Tätigkeit, nach der wir hier suchen. Auch Standardaufgaben, die auf jedes Teammitglied zutreffen, wie »E-Mails lesen« oder »Schreibtisch aufräumen«, sind nicht gefragt.

Um ihre wirklich wichtigen wiederkehrenden Tätigkeiten zu identifizieren, können die Teilnehmenden beispielsweise über eine Woche hinweg jeden Abend aufschreiben, was sie tagsüber gemacht haben, und am Ende ermitteln, welche Tätigkeiten besonders ins Gewicht gefallen sind. Ist das nicht möglich, können sie alternativ nachträglich ihren Kalender der vergangenen Woche durchgehen und ihre Haupttätigkeiten so rekonstruieren. Bei der Formulierung achten wir darauf, dass die Tätigkeiten aktive Verben enthalten, beispielsweise »Feedbackgespräch mit der Kollegin organisiert« oder »Neue Kontakte in das CRM-System übertragen«.

ROLLENSTRUKTUR ENTWICKELN

ZIEL:

Das Team verfügt über eine vorläufige Rollenstruktur, mit der es loslaufen kann.

4+ PERSONEN	3–4 STUNDEN	Post-its, Stifte, Flipchart/Whiteboard

2 Rollen und ihren Purpose definieren

In Kleingruppen (allerdings immer mit Fokus auf einzelne Personen) kleben die Teilnehmenden die wiederkehrenden Tätigkeiten im zweiten Schritt an eine große Wand und clustern sie. Ähnliche Tätigkeiten kleben beieinander und werden möglicherweise in einer Rolle zusammengefasst. Das Ziel dieses Schrittes ist es, auf Basis dessen, was die Person wirklich in dem Team macht, ihre Rollen zu finden. Zu jeder Rolle formuliert die Gruppe schließlich einen Purpose, also die Definition dessen, warum es die Rolle braucht. In der Regel ist es recht einfach, einen übergreifenden Namen und Purpose für ein zusammenhängendes Tätigkeiten-Cluster zu finden. Gelingt das nicht, kann es helfen, die gebildeten Cluster noch einmal anzupassen.

3 Startstruktur für das Team bauen

Wenn alle Kleingruppen ihre Rollen gefunden haben, führen die Teilnehmenden die Gruppenergebnisse zusammen, indem jede Gruppe vorstellt, welche Rollen sie für die einzelnen Personen gefunden hat. Idealerweise steht die gesamte Gruppe nun vor einer großen Wand, an die alle Rollen samt Namen, Purpose und zugehörigen Tätigkeiten kleben. Bei diesem Schritt ist das richtige Maß wichtig: Es geht einerseits darum, möglichst viel Klarheit zu schaffen. Andererseits soll die Informationsmenge handhabbar bleiben. Wir empfehlen daher, dass sich die Kleingruppen zunächst auf die wichtigsten vier bis sechs Rollen fokussieren und diese im Team vorstellen. Damit haben wir nun abgebildet, wie das Team aktuell die Verantwortung auf Rollen und diese wiederum auf Personen aufteilt. Diese Struktur ist nur ein Abbild der derzeitigen Realität und wird sich verändern. Sie reicht aber, um einen Anfang zu finden und mit der Arbeit in Rollen vertraut zu werden.

4 Rollen explizit machen

Alle Rollen, die bis hierhin identifiziert und vereinbart wurden, halten die Teilnehmenden nun in einheitlichen Rollen-Templates fest. Wichtig ist, dass jede Rolle über alle nötigen Bestandteile verfügt:

- Jede Rolle braucht einen Namen, zum Beispiel »CRM-Master«, »Transparenzmeister*in«, »Social-Media-Texter*in«.
- Jede Rolle braucht einen klaren Purpose, also ein ideales Ziel, das sie erreichen möchte. Zum Beispiel »Unser CRM-System ist immer auf dem neuesten Stand«, »Alle Personen im Unternehmen wissen, woran wir gerade arbeiten«, »Unsere Texte in den sozialen Medien sind fehlerfrei und spiegeln wider, wofür wir stehen«.
- Jeder Rolle sind klare Verantwortlichkeiten in Form der Tätigkeiten zugewiesen, die mit der Rolle einhergehen. Zum Beispiel »Verschickt regelmäßige Projekt-Updates an alle im Team« oder »Führt Endkorrektorat aller Texte durch«. Auch hier gilt wieder: »weniger ist mehr«. Wir suchen nach den wichtigsten zwei bis drei Verantwortlichkeiten, da Klarheit und Übersichtlichkeit in diesem Schritt noch wichtiger sind als Vollständigkeit.

5 Struktur weiterentwickeln

Im letzten Schritt entwickelt das Team die entstandene Rollenstruktur weiter. Leitfragen dafür sind: Welche Rollen werden wirklich gebraucht, um den Purpose zu erfüllen? Und: Was fehlt uns aktuell noch, um den Purpose richtig gut auszufüllen? Was stört uns?

Je nachdem, welche Spannungen die Teilnehmenden einbringen, kommen an dieser Stelle noch einmal neue Rollen hinzu, vielleicht werden auch Rollen zusammengelegt oder zweigeteilt. Außerdem bringen wir an dieser Stelle selbst eine Spannung ein. Denn wir glauben, dass es ein paar Standardrollen braucht, damit alle im Team gut miteinander arbeiten können. Jedes Team sollte für uns über die folgenden Rollen verfügen (deren Namen natürlich nach Belieben verändert werden können):

- **Lead:**

Die Lead-Rolle ist zuständig für die Strategie und Gesamtausrichtung des Kreises, aber nicht im Sinne einer Führungskraft, die kleinteilig plant und kontrolliert. Die Rolle ist eher so gedacht, dass die Person einen Blick aufs große Ganze hat und als erste Ansprechperson für das Team fungiert.

- **Coaching:**

Die Rolle ist zuständig für die Menschen im Team und ihre Entwicklung. Sie kümmert sich darum, dass jede*r im Team regelmäßig auf die Fragen guckt: Wie effektiv bin ich in meinen Rollen? Was sollte ich verändern? Gibt es Entwicklungsziele, die ich gerade verfolge?

- **Transparenz:**

Die Transparenz-Rolle ist zuständig dafür, dass alle wichtigen Informationen allen im Team zur Verfügung stehen. Sie kümmert sich also um die Dokumentation und kann auf Anfrage Auskunft über bestimmte Sachverhalte geben. Auf diese Weise übernimmt die Rolle eine wichtige Führungsfunktion.

- **Facilitator:**

Die Facilitation-Rolle ist zuständig dafür, dass die Meetings effektiv sind und sich alle an die vereinbarten Regeln halten. Diese Rolle existiert nur innerhalb der Meetings und sie kann – anders als die anderen hier genannten Rollen – wechselnd vergeben werden.

- **Loop-Ninja:**

Die Rolle Loop-Ninja ist zuständig dafür, dass der Loop-Prozess gut läuft und alle in den Loop-Workshops vereinbarten nächsten Schritte auch umgesetzt werden.

ROLLE

KREIS

PURPOSE

VERANTWORTLICHKEITEN

Ist verantwortlich dafür, ...

Damit endet das erste Modul des *Loops*. Im Idealfall können alle vorher formulierten Ziele abgehakt werden. Wenn das nicht der Fall ist und jemandem etwas fehlt, gibt es ja den Spannungsspeicher.

- ☑ Das Team hat verstanden, was der *Loop-Approach* ist und welche Bausteine er beinhaltet.
- ☑ Der gemeinsame Purpose, also der Existenzgrund des Teams, steht und ist formuliert.
- ☑ Das Team hat die Stärken aller Teammitglieder identifiziert und offengelegt. Auf dem Weg dorthin sind die Teilnehmenden näher zusammengewachsen.
- ☑ Jedes Teammitglied kennt die eigenen Verantwortungsbereiche und hat sie in Rollen übersetzt. Die Rollen sind klar abgegrenzt und für alle transparent.
- ☑ Das Team hat das Konzept von Spannungen verstanden und begonnen, damit zu arbeiten.

WORKSHOPAGENDA MODUL 1 (BEISPIEL)

– TAG 1 –

9^{00}	Check-in
9^{30}	Input: Spannungsbasiertes Arbeiten
9^{45}	Die 7 Tugenden: Bestandsaufnahme
10^{45}	Kaffeepause
11^{00}	Kontext & Mindset
12^{00}	Einführung Purpose
12^{30}	Mittagspause
13^{30}	Lockerungsübung
13^{45}	Purpose-Integrationsturnier
15^{45}	Kaffeepause
16^{00}	Stärken-Profile
16^{45}	Spannungen bearbeiten
17^{30}	Check-out

WORKSHOPAGENDA MODUL 1 (BEISPIEL)

– TAG 2 –

9^{00}	Check-in
9^{30}	Reflexion zu Tag 1
10^{00}	Abschluss Purpose
10^{30}	Kaffepause
10^{45}	Input zu Rollen
11^{00}	Arbeiten an Rollen
12^{30}	Mittagspause
13^{30}	Lockerungsübung
13^{45}	Rollenbild weiterentwickeln
15^{45}	Kaffeepause
16^{00}	Spannungen und nächste Schritte
16^{45}	Check-out

ERGEBNISSE

In diesem zweiten Modul des *Loops* geht es zunächst einmal darum, sicherzustellen, dass die Ergebnisse aus Modul 1 auch im Team gelebt werden. In einer typischen Teamtransformation sind nach dem ersten Workshop ein paar Wochen vergangen, in denen die neu erlernten Verhaltensweisen im Alltag integriert und erprobt wurden. Darauf bauen wir im zweiten Modul auf. Nun soll die gewonnene Klarheit in Ergebnisse übersetzt werden.

Das Modul 2 gliedert sich in zwei große Bausteine, die sich beide mit der Frage beschäftigen, wie ein Team seine Potenziale und Intentionen in bestmögliche Ergebnisse umsetzen kann:

4 ***Individuelle Effektivität:*** Wie kann jedes Teammitglied einzeln effektiv sein und sich selbst organisieren?
5 ***Effektivität als Team:*** Wie kann ein Team Meetings und Werkzeuge gut nutzen, um gemeinsam effektiv zu sein?

Neben einer kurzen Rekapitulation dessen, was in Modul 1 und der Zeit zwischen den beiden Modulen geschehen ist, teilt sich die Zeit auf diese beiden Bausteine auf. Tendenziell legen wir einen Schwerpunkt auf die Teameffektivität und insbesondere auf das Thema Meetings.

Ein Workshop zum Modul 2 war für uns dann erfolgreich, wenn wir mit dem Team diese Ziele erreicht haben:

- ☐ Jedes Teammitglied hat die persönliche Arbeitsorganisation hinterfragt und neue Methoden der Selbstorganisation kennengelernt.
- ☐ Jede*r im Team weiß, wo die eigenen Spannungen am besten verarbeitet werden und wie er sie richtig einbringt.

- [ ] Das Team hat die eigenen Meeting-Routinen reflektiert und selbst verändert. Die neuen Meetings werden verbindlich vereinbart und im Anschluss an den Workshop gelebt.
- [ ] Das Team hat verschiedene Formate kennengelernt, gemeinsam Entscheidungen zu treffen, und angefangen, diese zu nutzen.

Individuelle Effektivität: Wie kann jedes Teammitglied einzeln effektiv sein?

Im ersten Baustein schauen wir mit den Teilnehmenden darauf, wie sie sich selbst organisieren und wie es ihnen gelingen kann, auch bei vielen Rollen und Aufgaben den Überblick zu behalten und ein Gefühl der Kontrolle zu haben.

DINGE GEREGELT KRIEGEN

Um als Team Ergebnisse erzielen zu können, braucht es zunächst eine Grundlage: Jedes Teammitglied muss in der Lage sein, sich selbst zu organisieren. Nur wenn auf der individuellen Ebene die Fähigkeiten und Werkzeuge vorhanden sind, um effektiv zu arbeiten, kann auch das Team als Ganzes erfolgreich sein. Das ist alles andere als selbstverständlich und die Herausforderung wird größer, je mehr Rollen die einzelnen Individuen parallel innehaben. Die meisten Menschen in komplexen Arbeitsumfeldern fühlen sich wie Gejagte: Die Frage »Machst du den Job, oder macht der Job dich?« ist dann gar nicht so leicht zu beantworten.

Um das zu verändern, stellen wir den Teilnehmenden zu Beginn von Modul 2 den Selbstmanagement-Ansatz *Getting Things Done* von David Allen vor. Wir selbst sind große Fans dieser Methode und der Meinung, dass sie alles beinhaltet, was für gutes Selbstmanagement nötig ist. Wenn der Bedarf groß ist, gehen wir dabei mehr in die Tiefe und stellen neben GTD auch alternative Ansätze vor. Meistens beschränken wir uns aber auf die wesentlichen Elemente von GTD: Das hilft bei der individuellen Selbstorganisation und schafft im Team eine gemeinsame Sprache, mit der sich über Arbeit kommunizieren lässt.

Getting Things Done verspricht uns vor allem zwei Dinge: Platz und Fokus zu schaffen. Alle losen Enden, die für gewöhnlich in unseren Köpfen herumschwirren und uns ablenken, werden so eingesammelt und verstaut, dass wir sie zum richtigen Zeitpunkt wiederfinden.

Wie gelingt das? Durch glasklare Prioritäten und Fokussierung auf das, was wirklich wichtig ist. David Allen sagt, das Ziel von GTD sei »stressfreie Produktivität«. Das bedeutet, dass wir auch dann produktiv und entspannt bleiben können, wenn eine überwältigende Menge an Dingen auf uns einprasselt. In einem gut organisierten GTD-System hat alles seinen Platz und jede Information, auf die wir stoßen, wird über einen klaren Prozess durch ein festgelegtes System geleitet.

EINE INBOX FÜR ALLE ANFRAGEN

Wir empfehlen den Teilnehmenden mit einer und wirklich nur einer Inbox zu arbeiten. In dieser werden alle Anfragen gesammelt, die bei uns eingehen und an unserer Aufmerksamkeit zerren. Das können Anrufe sein oder E-Mails, Einfälle, die wir haben, oder Dinge, die in einem Meeting gesagt werden. Wenn sie bei uns ankommen, sind all diese Dinge noch keine To-dos. Sie sind zunächst einfach nur *Zeug*. Und für dieses Zeug ist die Inbox da: ein verlässlicher Ort zum Sammeln, den wir regelmäßig leeren.

Mit Inbox ist übrigens nicht deine E-Mail-Inbox gemeint. E-Mails sind lediglich ein Kanal, auf dem uns Anfragen erreichen, und es ist sinnvoll, unabhängig vom E-Mail-Postfach eine zusätzliche, echte Inbox einzurichten, in der wir alles sammeln, was bei uns ankommt. Eine Inbox kann ein Stück Papier sein, aber natürlich auch ein digitales Tool. Idealerweise kannst du immer und von überall auf deine Inbox zugreifen, um neue Anfragen jederzeit sammeln zu können.

Natürlich muss die Inbox auch regelmäßig geleert werden – und zwar vollständig. Dafür nimmt man jeden Eintrag in der Inbox einmal in die Hand und ordnet ihn einer der folgenden Kategorien zu:

→ **Irrelevantes** werfen wir weg.

→ **Informationen** legen wir so ab, dass wir sie später einfach wiederfinden können.

→ **Termine**, also alles, was an eine bestimmte Zeit gebunden ist (wie ein Meeting oder Zahnarzttermin), halten wir im Kalender fest.

→ **Ausführbares**: Hier wird es interessant und etwas komplizierter, daher geht es unten, im Anschluss an diese Liste, weiter.

Falls eine Anfrage in die Kategorie Ausführbares fällt, fragen wir uns zunächst, ob die Zwei-Minuten-Regel greift. Alles, was wir in unter zwei Minuten erledigen können, sollten wir sofort tun, denn es lohnt sich nicht, Zeit zu investieren, um weiter darüber nachzudenken, wenn es sich so schnell abhaken lässt.

Für alles, was länger als zwei Minuten dauert, unterscheiden wir zwischen Aufgaben und Projekten. Diese Unterscheidung ist sehr wichtig, weshalb wir die Teilnehmenden in unseren Workshops dazu ermuntern, hier streng zu sein.

Eine Aufgabe ist ein einziger Schritt, der nicht mehr Zeit als dreißig bis maximal sechzig Minuten erfordert. Und eine Aufgabe muss so eindeutig beschrieben sein, dass es keinerlei mentaler Anstrengung bedarf, um loszulegen. »Praktikanten finden«, »Bericht schreiben« oder »Weltfrieden« mögen sich zwar auf To-do-Listen finden, Aufgaben nach unserem Verständnis sind sie allerdings nicht. »Liste mit Ideen zum Weltfrieden brainstormen« oder »Jobausschreibung an Kollegen schicken« hingegen wären Aufgaben in unserem und David Allens Sinne.

Von einem Projekt sprechen wir immer dann, wenn es mehr als eine konkrete Aufgabe zu tun gibt: Ein Projekt hat ein klar definiertes Ergebnis und

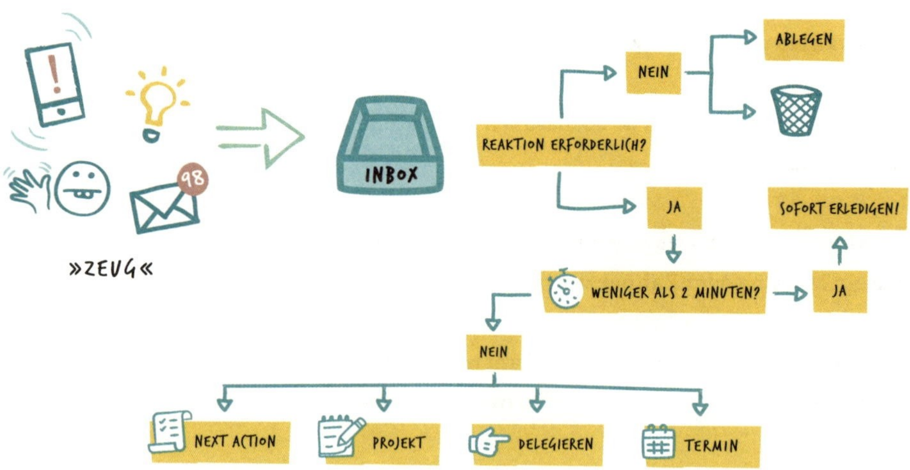

mindestens einen nächsten Schritt, eine Aufgabe, die grundsätzlich sofort umgesetzt werden kann. Ein Projekt könnte zum Beispiel das Ergebnis haben »HR-Praktikant*in eingestellt«, und ein nächster Schritt könnte sein: »Liste mit Anforderungen anlegen«.

Um das Denken in Ergebnissen zu üben, lassen wir die Teilnehmenden in unseren Workshops oft die Frage beantworten: »Was ist deine DoD, also deine *Definition of Done*?« In anderen Worten: Was muss passiert sein, damit du das Projekt erfolgreich abschließen kannst? Wie sieht die Welt aus, wenn du das Projekt beendet hast? Das Ziel dahinter ist wegzukommen von vagen Projekten, die »Website« oder »neue Website« heißen, und stattdessen ein klares Ergebnis zu definieren, wie »Erste Website-Version ist online und testbar«. Diese Unterscheidung mag auf den ersten Blick spitzfindig erscheinen, doch sie macht einen großen Unterschied. Zum einen erlaubt sie einen klareren Fokus: Wenn das Ergebnis glasklar ist, können wir besser entscheiden, welche Aufgaben in die richtige Richtung führen und welche nicht. Und zum anderen ist auch für Außenstehende sofort offensichtlich, worum es in dem Projekt geht.

Um das Denken in Projekten einzuüben, lassen wir die Teilnehmenden, einzeln für sich, in einer kurzen Übung ein bis zwei aktuelle Projekte finden, die sie gerade verfolgen. Diese Projekte werden aufgeschrieben: mit dem entsprechenden Ergebnis, der Definition of Done. Mit der dabei entstehenden Liste an Projekten arbeiten wir später weiter, wenn es um Meeting-Routinen geht.

PROJEKTE ALS ERGEBNISSE FORMULIEREN

ZIEL:
Die Teilnehmenden können Projekte von Aufgaben unterscheiden und ihre eigenen Projekte als Ergebnisse formulieren.

AB 1 PERSON

15 MINUTEN

Post-its, Stifte, Flipchart/Whiteboard

Effektivität als Team: Wie werden Mitglieder eines Teams gemeinsam effektiv?

Um auch im Team von der Klarheit zu Ergebnissen zu gelangen, greifen wir im zweiten Baustein von Modul 2 das Arbeiten mit Spannungen noch einmal auf. Denn wie schon im ersten Modul angedeutet: Spannungen sind in unserer Logik nichts Negatives, sondern Impulse, die zur Veränderung führen können, wenn sie richtig aufgelöst werden.

WO SPANNUNGEN HINGEHÖREN: 4 SPACES

Ganz entscheidend ist, dass jede Spannung einen Raum hat, und doch gehört nicht jede Spannung in jeden Raum. Es ist nicht zielführend, in einem Meeting, das der gegenseitigen Information dient, eine neue Rolle zu schaffen. Das kostet Zeit und bindet Beteiligte, die möglicherweise gar nicht gebraucht werden, um die jeweilige Spannung zu bearbeiten.

Deshalb stellen wir in Modul 2 eine Landkarte vor, mit deren Hilfe alle Spannungen richtig verortet werden können.

Wir nennen das auch die 4 Spaces beziehungsweise Räume[6] der Organisation. Dazu gehören:

Der operative Raum

Im operativen Raum findet das »normale Arbeiten« statt, also alle operativen Tätigkeiten. Dazu gehören der Austausch von Informationen, das Verteilen von Aufgaben und das Abarbeiten von Aufgaben und Projekten. Eben alles, womit wir idealerweise den größten Teil unserer Zeit verbringen. Spannungen, die in diesem Raum landen können, sind beispielsweise »Mir fehlt eine Information«, »Ich brauche Unterstützung in einem Projekt.«

6 Das Modell beruht auf Ken Wilbers *integraler Theorie*. Die hier verwendete Variante des Modells wurde von Christiane Seuhs-Schöller und Tom Thomison vorgestellt, es finden sich dazu einige Beiträge online.

2 Der Steuerungsraum (Governance)

Im operativen Raum geht es um die Arbeit *in* der Organisation, im Governance-Raum um die Arbeit *an* der Organisation. Hier werden Strukturen geschaffen, Rollen erstellt und verändert sowie Regeln für das Team definiert. Dementsprechend gehören hier auch alle Spannungen hin, die mit fehlenden Rollen oder den vorhandenen Regeln zu tun haben.

3 Der individuelle Raum

Hier findet die Arbeit an uns selbst statt. Fragen, die in den individuellen Raum gehören, sind unter anderem: »Warum hat es mich eigentlich so sehr gestört, dass die Mail nach zwei Tagen noch nicht beantwortet war?« oder »Was ist mir eigentlich wichtig im Berufsleben und im Umgang miteinander?«. In diesen Raum fallen also alle Spannungen, die mit uns selbst – und zwar nur mit uns selbst – zu tun haben. Das bedeutet aber natürlich nicht, dass wir uns keine Hilfe holen können, um die Spannungen, die in diesen Raum gehören, zu bearbeiten.

4 Der Beziehungsraum

In diesem Raum geht es um die Beziehungsarbeit in der Gruppe, also beispielsweise um zwischenmenschliche Konflikte. »Ich habe mehrfach keine Antworten auf meine Mails an euch erhalten und frage mich, warum das so ist und wie die Kommunikation besser laufen könnte.« Das ist eine Spannung, die in diesem Raum gelöst werden kann. Aber auch das Bedürfnis nach gemeinsamen Aktionen, um den Zusammenhalt zu stärken, gehört in den Beziehungsraum.

Die beiden Räume auf der linken Seite der Matrix, der individuelle Raum und der Beziehungsraum, sind *relational*, also auf der Beziehungsebene anzusiedeln. Der operative Raum und der Steuerungsraum sind hingegen *role-ational*, also rollenbezogen. In Modul 2 geht es um die rechte Seite der Matrix.

Um gut zusammenarbeiten zu können, ist es entscheidend, dass die Teilnehmenden verinnerlichen, wofür die 4 Räume notwendig sind und welche Spannungen in welchen Raum gehören. Was sonst passiert, lässt sich schnell verdeutlichen: Gehen wir davon aus, dass Person A Person B nicht leiden kann. Das ist die Spannung von Person A. Sie könnte nun versuchen, ihre Spannung im Steuerungsraum aufzulösen. Dabei würde vermutlich eine neue Rolle entstehen, die zwischen den beiden Personen vermittelt und die Kommunikation hin und her trägt, damit sie keinen direkten Kontakt mehr miteinander haben müssen. Besser wäre es aber wohl, die Spannung da anzugehen, wo sie hingehört: im Beziehungsraum. Und sie auf der Ebene zu bearbeiten, auf der sie am besten aufgehoben ist.[7]

In vielen klassischen Organisationen ist das keineswegs selbstverständlich, da dort die linke Seite überhaupt nicht offiziell stattfinden kann. Daher werden zwischenmenschliche Konflikte in der Regel da ausgetragen, wo sie eigentlich nichts verloren haben (nämlich im operativen Raum oder im Steuerungsraum), was die Zusammenarbeit mühsam und frustrierend machen kann.

7 Spätestens im dritten Modul lernen die Teilnehmenden dann wiederum, dass nahezu jede Spannung in jedem der vier Räume mindestens einen Lösungsschritt hat und es so etwas wie eine »operative Spannung« oder eine »Beziehungsspannung« gar nicht gibt. Vielmehr geht es darum, sich der Lösungswege in allen vier Räumen bewusst zu werden und dann zu entscheiden, welchen Weg man gehen möchte, um die Spannung zu lösen. Im Modul 2 geht es uns aber zunächst um die Differenzierung der Räume und da hilft die oben genannte vereinfachte und dadurch klare Unterscheidung.

ÜBUNG: SPANNUNGEN RICHTIG ZUORDNEN

Um sicherzustellen, dass alle Teilnehmenden die 4 Räume nicht nur verstanden haben, sondern auch nutzen können, machen wir mit ihnen eine Übung. Sie soll die Teammitglieder dafür sensibilisieren, Spannungen im Alltag wahrzunehmen und ausdrücken zu können. Außerdem lernen sie, mit ihren Handlungsoptionen umzugehen. Das geschieht in drei Schritten:

1 Spannungen sammeln

Alle Teilnehmenden sammeln für sich Spannungen, die sich auf ihre Arbeit beziehen. Es geht also darum, aus den Rollen heraus Spannungen und Impulse zur Veränderung zu identifizieren. Dafür schauen sie ihre E-Mails, Termine, Notizen und unerledigten Aufgaben durch und notieren alles, was bei ihnen Frust, Irritation oder Freude ausgelöst hat.

2 Spannungen austauschen

Nachdem jede*r Teilnehmende für sich gesammelt hat, tauscht er*sie sich mit einem*einer Sitznachbar*in dazu aus, in welchem der 4 Räume jede der Spannungen am besten bearbeitet werden könnte. Die Post-its aus dem ersten Schritt kleben sie auf die Matrix mit den 4 Räumen.

3 Austausch im Plenum

Im letzten Schritt stellt jedes Team zwei bis vier seiner Zuordnungen im Plenum vor. So entsteht ein gemeinsames Verständnis dessen, welche Spannungen wo aufgelöst werden, und alle Teilnehmenden haben Praxisbeispiele zu jedem der 4 Räume im Kopf.

SPANNUNGEN RICHTIG ZUORDNEN

ZIEL:
Jede*r im Team weiß, welche Spannungen in welchen der 4 Räume gehören und hat Praxisbeispiele im Kopf.

4+ PERSONEN

45 MINUTEN

Post-its, Stifte, Flipchart/Whiteboard

EIN KOMPETENTER UMGANG MIT SPANNUNGEN: WAS BRAUCHST DU?

Um produktiv mit Spannungen zu arbeiten, müssen die Teilnehmenden nicht nur wissen, wo ihre Spannungen hingehören, sondern auch, wie sie sich lösen lassen. Entscheidend ist dabei eine einfache Frage: »Was brauchst du?« Das wirkt wie eine Kleinigkeit, der Effekt ist aber enorm.

Es ist für den*die Inhaber*in einer Spannung also nicht damit getan, die eigene Spannung im richtigen Raum einzubringen und darauf zu warten, dass etwas passiert. Zur Verantwortung gehört auch, sich im Klaren darüber zu sein, was gebraucht wird, damit die Spannung gelöst ist. Wer mit einer Spannung konfrontiert wird, fragt also in der Regel zurück: »Was brauchst du?«

Die Antwortmöglichkeiten[8] sind:

- Ich möchte eine Information mit dir teilen.
- Ich brauche eine Information von dir.
- Ich möchte eine Aufgabe zuweisen.
- Ich brauche ein größeres Arbeitsergebnis, ein Projekt.
- Ich möchte unsere Struktur weiterentwickeln, zum Beispiel eine neue Rolle oder Regel schaffen.

So herrscht auf beiden Seiten Klarheit darüber, was nötig ist, um die jeweilige Spannung aufzulösen. Und die Wahrscheinlichkeit, dass der*die Spannungsinhaber*in wirklich bekommt, was er*sie braucht, wird deutlich höher.

8 Diese 5 Pfade haben wir in ähnlicher Form bei Holacracy kennengelernt. Sie finden sich z. B. auch auf einer der Moderationskarten, die HolacracyOne auf ihrer Website zum freien Download zur Verfügung stellen.

ARBEITEN IM OPERATIVEN RAUM: DAS SYNC-MEETING

Ein ganz wichtiger Hebel, um die Zusammenarbeit im Team zu verbessern, sind Meetings. Denn dafür, dass viele Mitarbeiter*innen in klassischen Organisationen den Großteil ihrer Zeit in Meetings verbringen, sind diese oft erschreckend unproduktiv. Für uns sind Meetings dann gut, wenn alle Teilnehmenden wissen, welchen Zweck sie haben, und wenn sie ihnen Energie für die weitere Arbeit geben.

Um die gemeinsame Effektivität zu erhöhen, schauen wir uns mit den Teilnehmenden ihre Meeting-Routinen an und entwickeln Prototypen für bessere Meetings. Dafür stellen wir in diesem Modul zwei Meeting-Typen vor, die wir für sehr kraftvoll halten: das Sync-Meeting und das Governance-Meeting.

Wie es der Name schon andeutet: Das Sync-Meeting ist dafür da, sich als Team zu synchronisieren und Informationen zu aktuellen Projekten auszutauschen. Dabei lässt es nur wenig Raum für lange Diskussionen und schwierige Entscheidungen. Die gehören in andere Meetings. Das Sync-Meeting ersetzt auf diese Weise die Informationsverteilungsfunktion, die früher Führungskräften vorbehalten war. Mit Blick auf die 4 Räume ist es im operativen Raum anzuordnen, heißt: Es betrifft die Arbeit in den eigenen Rollen. Wird es richtig und konsequent durchgeführt, ist es das schnellste und effizienteste Meeting der Welt. Jedes Meeting braucht einen Facilitator, also eine*n Begleiter*in, der*die durch das Meeting führt und es kompetent moderiert. Die Rolle üben wir in dieser frühen Phase zumeist selbst aus, später unterstützen wir einzelne Teilnehmende darin, die Facilitator-Rolle zu übernehmen.

Unser Sync-Meeting[9] hat einen festen Aufbau:

Check-in

Die Teammitglieder tauschen sich darüber aus, wie sie da sind und was ihre Aufmerksamkeit hat. In Teams, die schon länger zusammenarbeiten, bietet es sich an, die Check-in-Fragen zu variieren.

9 Das Sync-Meeting ist an das Tactical Meeting aus Holacracy angelehnt, das wir in vielen Kontexten als sehr effektives operatives Meeting kennengelernt haben.

2 Administratives

Hier klärt das Team, wie viel Zeit insgesamt zur Verfügung steht und ob es Unterbrechungen gibt. Wenn ein Mitglied beispielsweise zwischendurch telefonieren muss, kann die Agenda möglicherweise dementsprechend angepasst werden.

3 Checkliste

Die Checkliste schafft Transparenz über alle wiederkehrenden Tätigkeiten, die im Team anfallen (zum Beispiel »alle Rechnungen sind bezahlt«, »der wöchentliche Newsletter ist draußen«, ...). Das Prinzip findet beispielsweise in der Luftfahrt Anwendung: Dort konnte die Unfallhäufigkeit drastisch reduziert werden, indem die Pilot*innen vor Abflug ihre Checkliste durchgehen.

4 Kennzahlen

Der Punkt soll sicherstellen, dass alle Mitglieder über relevante Zahlen, Daten und Fakten informiert sind. Das kann zum Beispiel die Zahl der in der letzten Woche verkauften Produkte sein oder die Reichweite bei Facebook, die das Team mit eigenen Inhalten generiert hat.

5 Projekt-Updates

Hier teilen alle Mitglieder neue und relevante Updates mit dem Team. Dazu dient die schon erstellte Projektliste. Ganz wichtig: Es geht nicht darum, den kompletten Projektstatus zu referieren, sondern darum, was wirklich neu und für die Gruppe relevant ist. Dabei ist es sogar wünschenswert, wenn jemand sagt »kein Update«. Wir gehen davon aus, dass die Person andere sinnvolle Tätigkeiten durchgeführt hat.

6 Offene Agenda

Die offene Agenda dient der Abarbeitung aller Spannungen, die in den vorherigen Schritten aufgetaucht sind. Die Schritte 2 bis 4 sind dafür da, Informationen und Spannungen sichtbar zu machen; die offene Agenda dient nun dazu, alle aktuellen Spannungen abzuarbeiten. In diesem Schritt werden zunächst die Spannungen gesammelt und in die Agenda aufgenommen.

7 Agenda abarbeiten

In diesem Schritt werden alle Spannungen von der Agenda bearbeitet. Ziel ist immer, dass die Person, die die jeweilige Spannung hat, bekommt, was sie braucht, um die Spannung aufzulösen. Alle nächsten Schritte werden festgehalten. Die Agenda bleibt weiterhin offen, falls weitere Spannungen entstehen.

8 Check-out

Beim Check-out teilen die Teilnehmenden kurz mit, was sie noch sagen möchten, um gut aus dem Meeting zu gehen. Auch hier lassen sich die Check-out-Fragen je nach Bedarf variieren.

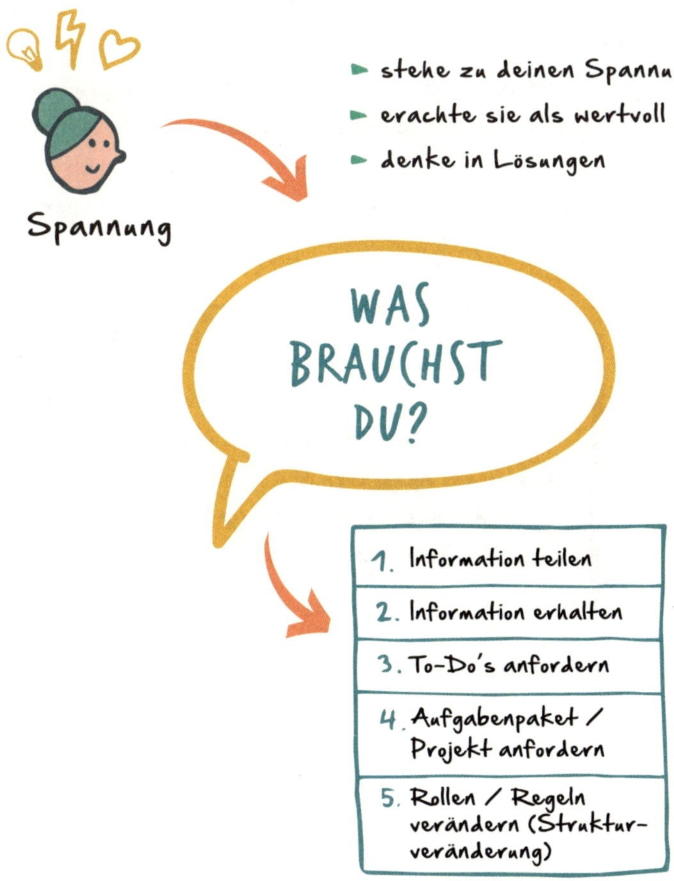

In der vorgestellten Konfiguration ist das Sync-Meeting natürlich nicht für jedes Team zu gebrauchen. Manche Teams haben kaum wiederkehrende Aufgaben oder arbeiten gänzlich ohne Daten, weshalb sie die entsprechenden Schritte 2 und 3 streichen oder durch andere Schritte ersetzen können. Darum geht es: Was braucht das Team, um Transparenz sicherzustellen und regelmäßig nächste Schritte zu definieren? Was lässt sich aus schon bestehenden Meetings übernehmen?

In Gruppen von ungefähr vier Personen erarbeitet das Team nun einen eigenen Prototyp für ein Meeting, das den Zweck eines Sync-Meetings erfüllt. Dabei sollte es ganz konkret werden: Was kommt in unsere Checkliste? Welche Kennzahlen brauchen wir? Welche Frequenz hat das Meeting? Wer nimmt alles teil? Wer lädt zum Meeting ein? Wer moderiert es? Wer notiert die Ergebnisse in welcher Form?

Die Gruppen stellen einander ihre Entwürfe vor und integrieren sie. Am Ende einigen sich die Teilnehmenden auf eine Version, mit der sie erst einmal zufrieden sind – wohl wissend, dass die Meeting-Struktur auch wieder geändert und weiterentwickelt werden kann, wenn jemand eine Spannung äußert.

MEETING-PROTOTYP BAUEN

ZIEL:

Das Team hat bestehende Meetings evaluiert, neue Formate kennengelernt und daraus einen Prototyp für neue Meeting-Routinen abgeleitet.

4+ PERSONEN

90 MINUTEN

Post-its, Stifte, Flipchart/Whiteboard

ENTSCHEIDUNGEN TREFFEN IM TEAM

Um gemeinsam Ergebnisse schaffen zu können, muss ein Team entscheidungsfähig sein.

Für Entscheidungen, die in eine Rolle fallen, ist klar: Die Person entscheidet einfach selbst. Häufig tauchen im Arbeitsalltag aber Probleme auf, die in keinen vorhandenen Verantwortungsbereich fallen. Hier entscheidet das Team, basierend auf den Entscheidungsregeln, die es sich selbst gegeben hat. Eine Vorgehensweise, die sich dafür bewährt hat, ist der sogenannte *Konsent*.

Anders als beim autokratischen Einzelentscheid, bei dem eine*r alleine entscheidet, dem Mehrheitsprinzip, nach dem die Mehrheit der Zustimmungen den Ausschlag gibt, und dem Konsens, in dem alle Mitglieder zustimmen müssen, zählt beim Konsent nur das Argument. Wichtig ist dabei, dass jedes Teammitglied einen Entwurf einbringen oder eine Änderung vorschlagen kann, dass alle Sicherheitsbedenken zu diesem Vorschlag gesammelt und geprüft werden und dass Sicherheitsbedenken in den ursprünglichen Vorschlag integriert werden.

Um nach diesem Prinzip im Team schnell zu einer guten Entscheidung zu gelangen, kommt der integrative Entscheidungsprozess[10] zum Einsatz, das ist eine Art Design-Thinking im Schnelldurchlauf. Der Prozess besteht aus sieben Schritten:

1 Spannung beschreiben

Welches Problem soll gelöst werden? Der*Die Spannungsinhaber*in erläutert die eigene Spannung.

2 Lösungsvorschlag

Die Person, die eine Spannung einbringt, ist auch dafür verantwortlich, einen Lösungsvorschlag einzubringen.

3 Klärende Fragen

Wenn ein Bedarf besteht, können die Teilnehmenden Fragen stellen, um den Vorschlag besser zu verstehen.

10 | In dieser Form ebenfalls in Holacracy zu finden und dort aus der Soziokratie übernommen.

DER KONSENT

DIE NEUE ART ZU ENTSCHEIDEN

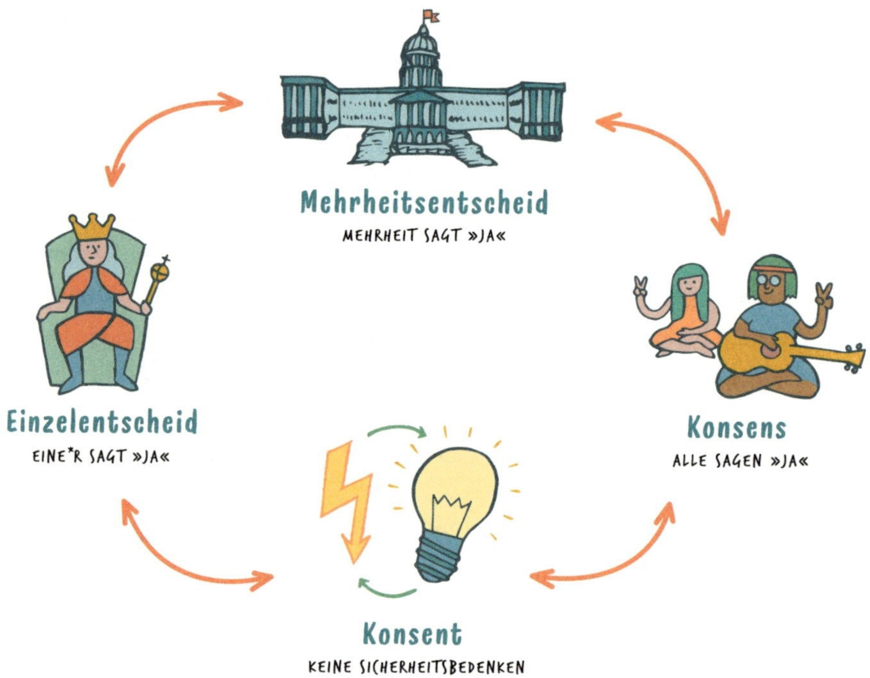

4 Reaktionsrunde

Jedes Teammitglied gibt nacheinander Feedback zum Vorschlag und macht Vorschläge zur Weiterentwicklung des Prototyps.

5 Abändern oder Präzisieren

Der*Die Spannungsinhaber*in kann auf die Reaktionen eingehen und den Vorschlag gegebenenfalls anpassen (nachdem einmal alle Reaktionen gehört wurden).

6 Sicherheitsrunde

Gibt es Sicherheitsbedenken? Reihum können die Teilnehmenden ihre Sicherheitsbedenken vorbringen. Als Leitfrage gilt auch hier immer: Ist der Vorschlag sicher genug, um ihn auszuprobieren (»safe enough to try«)? Falls ja, liegt kein Sicherheitsbedenken vor. Durch die Sicherheitsrunde soll nur gewährleistet werden, dass die spätere Entscheidung keinen Rückschritt bedeutet.

7 Integration

Alle Sicherheitsbedenken werden integriert. Das geschieht im Dialog zwischen Spannungsinhaber*in und Bedenkenträger*in. Wurden alle Sicherheitsbedenken integriert, gibt es eine erneute Sicherheitsrunde (weil durch die Anpassung des Vorschlags neue Spannungen entstanden sein können). Gibt es keine Sicherheitsbedenken mehr, ist der Vorschlag angenommen.

Eine etwas kompaktere Möglichkeit, Spannungen zu Entscheidungen zu machen, ohne gleich das ganze Team einzuberufen, basiert auf dem Advice-Prozess.[11] Gerade im Alltag bietet sich dieser Prozess an, weil er schnell umzusetzen ist. Die Person, von der die Spannung kommt, ist auch hier verantwortlich, einen ersten Entwurf zur Lösung des Problems einzubringen. Statt diesen in einem Meeting dem ganzen Team zu präsentieren, holt sie sich nur punktuell Feedback von den Rollen, die von der Entscheidung betroffen sind oder in dem Bereich über relevantes Wissen verfügen. Nach

11 | Unter diesem Namen von Frédéric Laloux eingeführt, auf dessen Website sich hierzu auch Beispiele und vertiefende Ausführungen finden.

DER ADVICE PROZESS

DIE INTEGRATIVE FORM VON AUTONOMIE

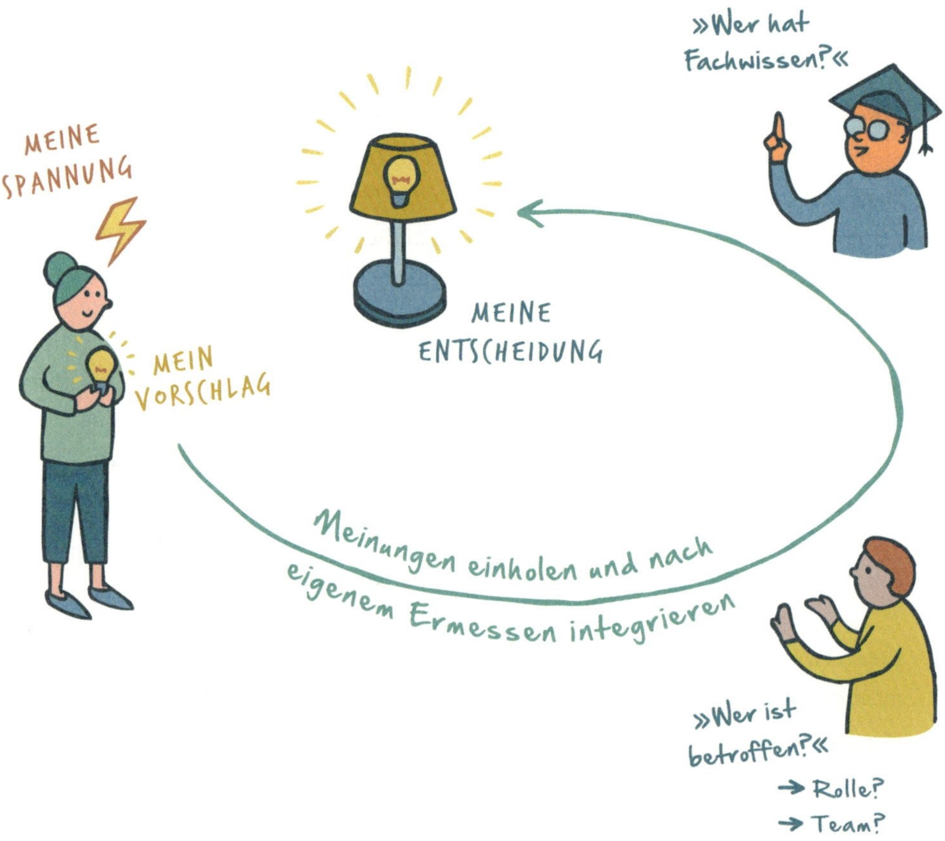

eigenem Ermessen integriert die Person alle Perspektiven und kommt so schnell zu einer Entscheidung, bei der alle Input geben konnten, die für die Entscheidung wichtig waren. Diese Entscheidung wird dann, allein von der Person, getroffen und an alle kommuniziert.

Auch wenn diese Entscheidungswerkzeuge auf den ersten Blick nicht so erscheinen mögen: Die Arbeit mit ihnen kann ein Team um ein Vielfaches effektiver machen. Das Gleiche gilt für die Einführung eines gut durchdachten Meeting-Formats, wie dem Sync-Meeting. Im nächsten Modul knüpfen wir hieran an, dort geht es unter anderem darum, das Team zu befähigen, die eigenen Strukturen und Prozesse konstant weiterzuentwickeln.

Damit endet auch das zweite Modul. Am Anfang haben wir sechs Ziele formuliert, die jetzt im Idealfall alle abgehakt werden können.

- ☑ Jedes Teammitglied hat die persönliche Arbeitsorganisation hinterfragt und neue Methoden der Selbstorganisation kennengelernt.
- ☑ Jedes Teammitglied weiß, wo die eigenen Spannungen am besten verarbeitet werden kann.
- ☑ Das Team hat die eigenen Meeting-Routinen reflektiert und selbst verändert. Die neuen Meetings werden verbindlich vereinbart und im Anschluss an den Workshop gelebt.
- ☑ Das Team hat verschiedene Formate kennengelernt, gemeinsam Entscheidungen zu treffen, und angefangen, diese zu nutzen.

Workshopagenda Modul 2 (Beispiel)

– Tag 1 –

9^{00}	Check-in
9^{30}	Reflexion Modul 1
10^{00}	Input: 4 Spaces
10^{45}	Kaffeepause
11^{00}	Spannungen in 4 Spaces
12^{00}	Projektliste erstellen
12^{30}	Mittagspause
13^{30}	Lockerungsübung
13^{45}	Input: Sync-Meeting
14^{00}	Übung: Sync-Meeting
15^{00}	Reflexion: Sync-Meeting
15^{15}	Kaffeepause
15^{30}	Individuelle Effektivität
16^{45}	Spannungen bearbeiten
17^{30}	Check-out

WORKSHOPAGENDA MODUL 2 (BEISPIEL)

– TAG 2 –

9^{00}	Check-in
9^{30}	Reflexion zu Tag 1
10^{00}	Arbeiten mit Spannungen
10^{30}	Kaffeepause
10^{45}	Input: Entscheidungswerkzeuge
11^{00}	Übung: Integrativer Entscheidungsprozess
12^{00}	Reflexion: Integrativer Entscheidungsprozess
12^{30}	Mittagspause
13^{30}	Lockerungsübung
13^{45}	Neue Meetingroutine entwickeln
15^{45}	Kaffeepause
16^{00}	Spannungen und nächste Schritte
16^{45}	Check-out

EVOLUTION

Das dritte und letzte Modul des *Loop-Approach* widmet sich der Evolution, also der Frage, wie das Team künftig auch ohne Begleitung alle Probleme lösen kann, die in einer guten Organisation auftauchen. Es hat zwei große Bausteine:

6 ***Anpassungsfähigkeit:*** Wie verändern wir die Struktur der Organisation? Wie geben wir uns neue Regeln? Wie schaffen und verändern wir Rollen?

7 ***Feedback- und Konfliktkompetenz:*** Wie geben wir uns als Team regelmäßig Feedback, das unsere Arbeit verbessert und unsere Beziehungen stärkt? Wie lösen wir alle Konflikte konstruktiv auf, um sie als Treibstoff der Entwicklung nutzen zu können?

Das letzte und wohl wichtigste Modul war für uns dann erfolgreich, wenn das Team folgende Ziele erreicht hat:

- [ ] Das Team nutzt einen festen Governance-Prozess, um die Struktur der Organisation fortlaufend zu verändern.
- [ ] Das Team hat ein Feedback-Format eingeübt und in die eigenen Meeting-Routinen integriert.
- [ ] Alle Teammitglieder haben sich in ihrer Konfliktfähigkeit verbessert, sodass zwischenmenschliche Spannungen in Zukunft effektiver bearbeitet werden können.
- [ ] Durch sichere Räume, Offenheit und gegenseitiges Vertrauen ist der Zusammenhalt im Team gestiegen.
- [ ] Alle offenen Fragen zum *Loop-Approach* sind geklärt und die nächsten Schritte sind klar.

Anpassungsfähigkeit: Wie verändern wir die Struktur einer Organisation?

Die Umwelt einer Organisation verändert sich ständig, und entsprechend ist es auch wichtig, dass die Organisation sich schnell und effizient an die neuen Bedingungen anpasst. Um das möglich zu machen, ohne ständig teure Berater*innen zu brauchen, müssen Teams in die Lage versetzt werden, die eigene Struktur selbstständig anzupassen. Darum geht es im ersten Baustein des dritten Moduls.

Arbeiten im Steuerungsraum: Das Governance-Meeting

Nach dem Sync-Meeting stellen wir dem Team einen zweiten Meeting-Typ vor: das Governance-Meeting. Sein Zweck ist die gemeinschaftliche Weiterentwicklung des Teams. Bestandteile sind das Schaffen oder Anpassen von Rollen, das Formulieren oder Verändern von Regeln und das Treffen von Teamentscheidungen. Das Team arbeitet im Governance-Meeting also an der Organisation selbst. Damit ein solches Meeting produktiv sein kann, braucht es zunächst eine Grundlage des gemeinsamen Entscheidens. Die haben wir in Modul 2 geschaffen.

So läuft ein Governance-Meeting ab:

1 Check-in

Wie bin ich heute hier? Was hat meine Aufmerksamkeit?

2 Administratives

Wie viel Zeit haben wir? Müssen Unterbrechungen eingeplant werden?

3 Agenda bilden

In diesem Schritt sammelt das Team Agendapunkte mit jeweils ein bis zwei Schlagworten. Dabei gilt: Jede Spannung ist wertvoll! Indem eine Person eine Spannung wahrnimmt und einbringt, trägt sie zur Weiterentwicklung des Teams bei.

4 Agenda abarbeiten

Das Team bearbeitet jede Spannung aus der Agenda nach dem integrativen Entscheidungsprozess, den es in Modul 2 kennengelernt hat. Jede Spannung bekommt ausreichend Zeit, um den Teamentscheidungsprozess zu durchlaufen. Das kann dazu führen, dass am Ende des Meetings noch Spannungen übrig bleiben.

5 Check-out

Die Teilnehmenden tauschen aus, mit welchem Gefühl sie aus dem Meeting gehen, und sagen, was noch gesagt werden muss.

ROLLEN BESETZEN IM GOVERNANCE-MEETING

Um Rollen zu besetzen, braucht es noch einen weiteren Prozess. Im Workshop bringen wir häufig selbst die Spannung ein, dass wir das nächste Meeting nicht mehr moderieren werden. Unser Lösungsvorschlag ist, im Team die Rolle Facilitator zu vergeben. Der Wahlprozess enthält die folgenden sieben Schritte[12].

1 Vorstellung der Rolle

Der*Die Spannunginhaber*in stellt die zu besetzende Rolle vor.

2 Nominierungen aufnehmen

Die Teilnehmenden schreiben ihre Nominierung und den eigenen Namen auf einen Zettel. Es ist erlaubt, sich selbst für die freie Rolle zu nominieren.

3 Nominierung begründen

Jede*r aus der Runde stellt die eigene Nominierung vor und begründet sie.

4 Nominierung überdenken

Nachdem alle Nominierungen genannt und gehört wurden, haben die Teilnehmenden die Möglichkeit, ihre Nominierung noch einmal zu ändern.

5 Vorschlag

Der*Die Moderator*in schlägt die Person mit den meisten Stimmen für die Rolle vor. Bei Patt erhält die Person den Vorzug, die sich selbst gewählt hat.

6 Sicherheitsrunde

Is it safe enough to try? Eventuelle Sicherheitsbedenken werden aufgenommen und integriert.

12 Auch dieser Wahlprozess ist nur als Prototyp zu sehen und kann vom Team angepasst werden, wenn es bessere Vorschläge gibt. Der hier vorgestellte Wahlprozess basiert auf dem integrativen Wahlprozess aus Holacracy.

7 Abschluss

Wenn es keine Sicherheitsbedenken mehr gibt, gilt die Wahl als angenommen, sofern die Person sie annimmt. Trotzdem kann jedes Teammitglied jederzeit eine neue Wahl einfordern, wenn eine Spannung mit der aktuellen Besetzung auftaucht.

Wie für das Sync-Meeting gilt auch für das Governance-Meeting: Nicht für jedes Team ergibt das Meeting genau so Sinn, wie wir es vorschlagen. Es muss die Meetings so umbauen, dass sie die vorhandenen Bedürfnisse erfüllen.

Feedback- und Konfliktkompetenz: Wie geben wir uns als Team kraftvolles Feedback und lösen Konflikte auf?

Im zweiten Teil von Modul 3 verlassen wir die rechte Hälfte der 4 Räume – die Welt der Arbeit – und wechseln auf die linke Seite: die Welt der Menschen und Beziehungen. Die Arbeit an zwischenmenschlichen Beziehungen ist nicht ohne Gefahr. Mitarbeitende in klassischen Organisationen wissen zwar einigermaßen, wie sie sich auf der rechten Seite der 4-Räume-Matrix verhalten können, die linke Seite ist für viele aber ein Mysterium. Dabei können ein kompetenter Umgang mit Konflikten und regelmäßiges, produktives Feedback enorm kraftvoll sein.

BEWEGUNG
LIEBE
SICHERHEIT
FEIERN
GEMEINSCHAFT
LERNEN/ WEITERENTWICKLUNG
AUTONOMIE
AUTHENTIZITÄT/ INTEGRITÄT
KLARHEIT

GEWALTFREIE KOMMUNIKATION

Das Rosenberg-Modell, auch Gewaltfreie Kommunikation (GFK) genannt, kann dem Team dabei helfen, eine gemeinsame Sprache für den Umgang mit zwischenmenschlichen Spannungen zu entwickeln. Der Name Gewaltfreie Kommunikation ist dabei etwas irreführend, denn eigentlich geht es gar nicht primär um Friedfertigkeit, sondern vor allem um menschengerechte und bedürfnisorientierte Kommunikation.

Das Rosenberg-Modell basiert auf zwei wichtigen Annahmen: Menschen sind grundsätzlich motiviert, zum Wohl anderer beizutragen. Und: Alle Menschen haben im Grunde die gleichen Bedürfnisse, die sie zu befriedigen versuchen. Die Strategien, die Menschen dafür wählen, können jedoch sehr unterschiedlich sein. Und auf Ebene dieser Strategien entstehen Konflikte. Wenn es einem Team gelingt, über die darunter liegenden Bedürfnisse zu sprechen, lassen sich die meisten Konflikte konstruktiv lösen, was die Beziehungen im Team stärkt und ein angenehmeres, vertrauensvolles Zusammenarbeiten ermöglicht. Grundsätzlich gilt: Alle Menschen haben die gleichen Bedürfnisse. Und Bedürfnisse sind immer positiv.

Was für einen Unterschied es ausmacht, ob wir Konflikten auf der Strategieebene oder auf der Ebene der ihnen zugrunde liegenden Bedürfnisse begegnen, zeigen die folgenden beiden Szenen. Sie verdeutlichen auch: Wenn wir auf der Bedürfnisebene Verständnis füreinander haben, finden wir auf der strategischen Ebene fast immer eine Lösung.

STRATEGIE & EMPATHIE

ES GIBT UNTERSCHIEDLICHE STRATEGIEN,
UM DAS GLEICHE BEDÜRFNIS ZU BEFRIEDIGEN.

AUF STRATEGIEEBENE ERSCHEINEN KONFLIKTE
HÄUFIG WIE EIN NULLSUMMENSPIEL...

EMPATHIE IST DER SCHLÜSSEL ZUR KONFLIKTBEWÄLTIGUNG.
SIE LIEGT AUF DER BEDÜRFNISEBENE.
WENN MAN AUF BEDÜRFNISEBENE VERSTÄNDNIS FÜREINANDER HAT,
FINDET MAN AUF STRATEGIEEBENE MEIST EINE LÖSUNG.

DIE VIER ELEMENTE EFFEKTIVER KOMMUNIKATION

Um in schwierigen Situationen unser Gegenüber besser zu verstehen und miteinander in Verbindung zu bleiben, müssen wir auch unsere eigenen Beweggründe besser verstehen lernen. Dabei helfen vier Schritte der Gewaltfreien Kommunikation. Sie sind ein alltagstaugliches Werkzeug, das es uns leichter macht, unsere Aufmerksamkeit zu steuern.

1 Meine Beobachtung

Was kann ich beobachten, was ist objektiv passiert? Zum Beispiel:
»Ich habe noch keine Antwort auf meine Mail von vorgestern erhalten.«

2 Mein Gefühl

Wie geht es mir damit? Welche Gefühle entstehen in mir? Zum Beispiel:
»Ich bin frustriert und ich ärgere mich.«

3 Meine Bedürfnisse

Um was geht es mir? Welches Bedürfnis ist womöglich zu kurz gekommen? Zum Beispiel: »Ich möchte meine Zeit sinnvoll nutzen.«

4 Meine Bitte

Was hätte ich gerne, was du machst? Zum Beispiel:
»Wärst du bereit, mir zuzusagen, mir innerhalb von 2 Tagen zu antworten?«

Warum es diese vier Schritte braucht, warum sie sinnvoll sind, ist leicht zu verstehen. Diese Erkenntnis auch wirklich konsequent im eigenen Alltag anzuwenden, ist bedeutend schwieriger. Damit die Teilnehmenden die vier Schritte verinnerlichen, machen wir mehrere Übungen mit dem Team. Sie dienen insbesondere dazu, die Unterschiede zwischen einer Interpretation und einer Beobachtung, zwischen einem versteckten Urteil und einem

Gefühl, zwischen einer Strategie und einem Bedürfnis sowie zwischen einer Forderung und einer Bitte klarzumachen.

BEOBACHTUNG VS. INTERPRETATION

Wenn wir einen Vorgang beobachten, ist es ganz natürlich, dass wir ihn auch gleich interpretieren. Dabei vergessen wir oft, dass unsere Interpretation nur eine von vielen möglichen ist. Um den Unterschied zwischen Beobachtung und Interpretation zu reflektieren, geben wir eine Frage in die Gruppe:

Wer hat schon mal ein unaufgeräumtes Kinderzimmer gesehen?[13]

Meistens gehen Hände hoch. Doch die Frage ist ja: Wer legt eigentlich fest, was ein aufgeräumtes und was ein unaufgeräumtes Zimmer ist? Was lässt sich zweifelsfrei beobachten und beschreiben? Und ist meine persönliche Interpretation, dass das Zimmer unaufgeräumt ist, überhaupt hilfreich? Eine Interpretation liegt immer dann vor, wenn jemand anderes darauf erwidern kann: »Das ist nicht wahr!« Und das wiederum bietet eine Steilvorlage für einen Konflikt – eine Diskussion, die ins Nichts führt und an deren Ende mindestens eine Person wütend oder traurig ist.

Lässt sich Lebenszeit nicht sinnvoller nutzen als mit einem Streit darüber, wer mit seiner Interpretation recht hat? Ist es nicht viel einfacher, sich auf der Basis von Fakten und konkreten Beobachtungen zu verständigen? Das Team redet darüber, wo die Parallelen zwischen dem Kinderzimmer-Beispiel und der eigenen Arbeitswelt liegen.

13 | Das Beispiel stammt aus Klaus Karstädts Buch zur Gewaltfreien Kommunikation (Literaturliste).

GEFÜHL VS. VERSTECKTES URTEIL

Gefühle finden in uns selbst statt, und es ist wichtig, unsere Gefühle zu kennen, um mit anderen kommunizieren zu können. Häufig beurteilen wir Situationen sofort und verdecken so das eigentliche, dahinter liegende Gefühl. Ein Beispiel: Sich von jemandem missachtet zu fühlen, ist kein Gefühl, sondern ein Gedanke. Gefühlsäußerungen fangen in der Regel mit »Ich bin …« an. Das eigentliche Gefühl hinter dem versteckten Urteil ist also möglicherweise: »Ich bin einsam.« Der Unterschied ist fein, aber wichtig. Denn meine eigenen Gefühle kann ich benennen, ohne jemanden anzuklagen oder zu bewerten. Die Gefühle sind einfach da und können Klarheit bringen, ohne einen Konflikt zu verschärfen.

Den Unterschied zwischen Gefühlen und Pseudogefühlen beziehungsweise versteckten Urteilen arbeiten wir mit einer Pantomimeübung heraus: Die Teilnehmenden ziehen dafür Post-its mit unterschiedlichen Gefühlen oder Pseudogefühlen und spielen sie pantomimisch vor. Der Rest der Gruppe rät, welches Gefühl oder Pseudogefühl gemeint ist. Beispiele können sein:

- Ich bin fröhlich.
- Ich bin müde.
- Ich bin wütend.
- Ich bin traurig.
- Ich fühle mich ausgeschlossen.
- Ich fühle mich ausgenutzt.
- Ich fühle mich manipuliert.
- Ich fühle mich ertappt.

Oft können die Gefühle sehr schnell erraten werden. Bei Pseudogefühlen dauert es viel länger oder klappt nicht. So wird deutlich, dass Pseudogefühle ein Gegenüber brauchen, also eine Person, die vermeintlich schuld ist. Gefühle hingegen sind allein bei uns und enthalten keinen inneren Vorwurf.

BEDÜRFNIS VS. STRATEGIE

Eine Strategie ist alles, was wir tun, um uns ein Bedürfnis zu erfüllen. Um diesen Gedanken zu reflektieren, bitten wir die Teilnehmenden darum, jeweils eine Sache, die sie gestern getan haben, und das dahinter stehende Bedürfnis zu nennen. Im nächsten Schritt kann die Gruppe den Unterschied auch gemeinsam reflektieren, indem die Teilnehmenden verschiedene Bedürfnisse sammeln und nach Strategien suchen, wie sich diese befriedigen lassen:

- Wie kann das Bedürfnis nach Ruhe befriedigt werden?
- Wie kann das Bedürfnis nach Verbindung befriedigt werden?
- Wie kann das Bedürfnis nach Respekt und Wertschätzung befriedigt werden?

ANWENDUNG DER VIER SCHRITTE EFFEKTIVER KOMMUNIKATION

ZIEL:
Jedes Teammitglied kennt die vier Schritte effektiver Kommunikation und kann sie mit Beispielen füllen.

4+ PERSONEN

50 MINUTEN

Post-its, Stifte, Flipchart/Whiteboard

BITTE VS. FORDERUNG

Konflikte können entstehen, weil wir Forderungen aussprechen, statt Bitten zu äußern, welche die Autonomie der anderen Person wahren. Wir erinnern uns: Grundsätzlich unterstützen Menschen sich gerne gegenseitig – vorausgesetzt, es kommen dabei keine wichtigen eigenen Bedürfnisse zu kurz, wie zum Beispiel das Bedürfnis nach Selbstbestimmung.

Eine Bitte sollte daher die Information vermitteln, wie andere zu unserem Wohl beitragen können, dem Gegenüber aber gleichzeitig eine Wahl lassen. Forderungen, die kein Nein akzeptieren, lösen bei vielen Menschen Widerstand aus und können die natürliche Bereitschaft zur Kooperation eher behindern.

Die Wahrscheinlichkeit, dass andere gerne auf unsere Bitten eingehen, erhöht sich enorm, wenn wir …

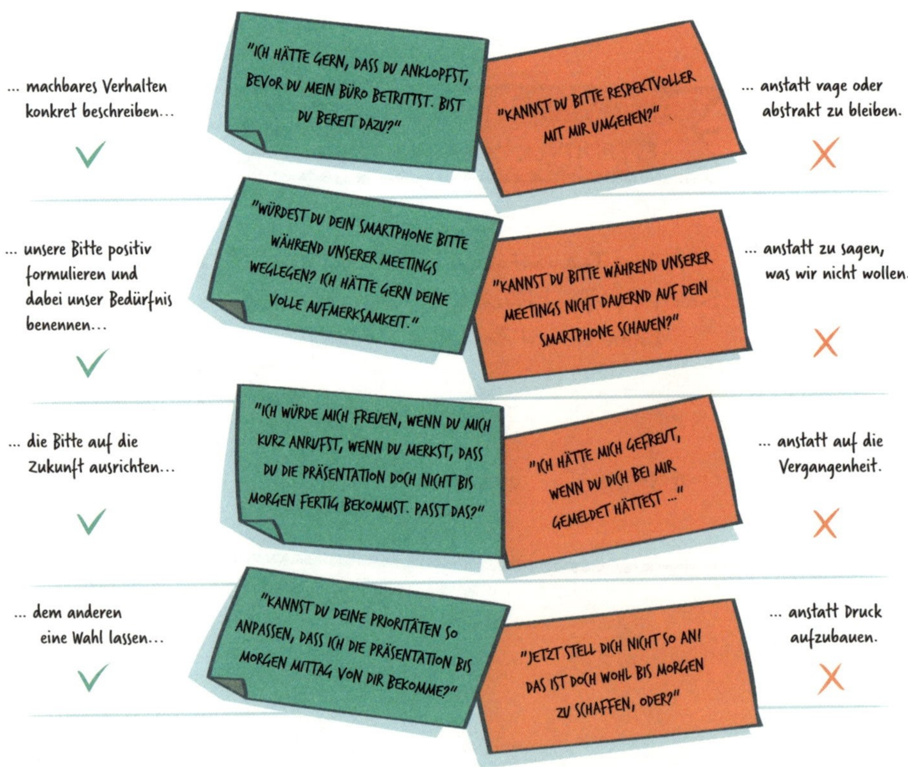

RICHTIG GUTES FEEDBACK GEBEN

Wofür brauchen wir die ganzen Vorübungen? Unter anderem für einen sehr wichtigen Bestandteil guter Arbeit: das Feedback. Feedback mit Gewaltfreier Kommunikation enthält die volle Wahrheit, ohne zu beschönigen, und tut trotzdem nicht weh. Feedback ist ein Geschenk für alle Beteiligten. Die Person, die Feedback gibt, kann sich darin selbst ausdrücken. Für die Person, die das Feedback empfängt, ist es eine Möglichkeit zur Entwicklung. Sie erhält eine wertvolle Außenwahrnehmung und entdeckt möglicherweise blinde Flecken, durch deren Überwindung sie den eigenen Horizont erweitern kann. Im Feedbackgespräch bietet eine Person mir also eine Information an, und ich entscheide selbst, ob ich sie annehme und etwas mit ihr tue oder nicht.

Wir unterscheiden zwei Arten von Feedback, die im gemeinsamen Arbeiten beide einen Raum brauchen:

- ***Situatives Feedback*** geben wir einander ständig, um zu spiegeln, wenn wir etwas besonders gut fanden oder etwas eine Spannung bei uns erzeugt hat. Wenn wir situatives Feedback geben, halten wir uns an die vier Schritte effektiver Kommunikation.

- ***Umfassendes Feedback*** geben wir einander zu festgelegten Zeiten in einem klar definierten Format als Team. Diese Art von Feedback braucht mehr Raum und Zeit, sollte moderiert werden und hilft uns dabei, gemeinsam zu lernen und als Team zu wachsen.

ZWEI ARTEN VON FEEDBACK

FEEDBACK IST WICHTIG IN JEDEM TEAM, BESONDERS IN SELBSTORGANISIERTEN.

SITUATIV

- bei Bedarf
- situationsbezogen
- zeitnah
- direkt / 1:1

z.B. nach gemeinsamer Aktivität/Situation

UMFASSEND

- zu definierten Zeiten
- übergreifend
- rückblickend
- in der Gruppe

z.B. »Unsichtbare*r Dritte*r«

SITUATIVES FEEDBACK IM SPEEDDATING

Als Gruppe lässt sich die erste Art, also das situative, formlose Feedback, mit einer kleinen Übung trainieren. Dabei bildet das Team mehrere wechselnde Zweierkombinationen, in denen sich die Partner*innen gegenseitig Feedback geben. Folgendes Format geben wir dafür vor:

1. Partner*in wählen.
2. Drei Minuten Stille, beide Partner*innen machen sich Notizen fürs Feedback.
3. Die Person 1 gibt drei Minuten lang Feedback an die Person 2.
4. Drei Minuten lang läuft es umgekehrt: Person 2 gibt Feedback an Person 1.
5. Zum Abschluss treten die beiden Partner*innen in den Dialog und tauschen sich zum Gesagten aus. Danach wählen beide eine*n neue*n Partner*in und es geht von vorne los.

Wichtig ist in dieser Übung, dass mit Ausnahme des letzten Schritts immer nur eine Person spricht. Die andere hört zu. Um mehr Einfälle zu bekommen, geben wir den Teilnehmenden zwei Leitfragen zur Orientierung mit:

- *Was hast du in letzter Zeit gemacht, das mir besonders gut gefallen hat?*
- *Was hast du in letzter Zeit gemacht, das mich irritiert hat und das du eventuell ändern könntest?*

FEEDBACK-SPEEDDATING

ZIEL:
Die Teilnehmenden haben trainiert, sich auf Basis der vier Schritte effektiver Kommunikation gegenseitig Feedback zu geben.

4+ PERSONEN

45 MINUTEN

Post-its, Stifte, Flipchart/Whiteboard

Tipps für gutes Feedback

Impuls
Feedback ist nur sinnvoll, wenn die andere Person offen dafür ist.

Beobachtung
Beschreibe die Situation so konkret wie möglich. Allgemeine und vage Formulierungen lösen bei anderen meist Verwirrung oder Widerstand aus.

Gefühl
Die Ursache deiner Gefühle sind deine eigenen Bedürfnisse und Werte, was andere sagen oder tun, ist lediglich der Auslöser. Übernimm also volle Verantwortung für deine Gefühle.

Bedürfnis
Jeder Mensch wählt frei, welche Bedürfnisse oder Werte ihm in einem bestimmten Zusammenhang besonders wichtig sind, erhebe also keinen Anspruch auf allgemeines und absolutes Rechthaben.

Konkrete Bitte
Was geschehen ist, ist vorbei. Rückwärts gerichtete Bitten können nicht erfüllt werden, sie lösen bei der anderen Person eher Widerstand aus. Achte bei deinen Bitten also auf eine lösungsorientierte, nach vorne gerichtete Haltung.

Dialog
Es geht darum, einander in der jeweiligen Wahrnehmung von Situationen und Verhalten zu sehen, nicht darum eine Debatte zu starten, in der jemand »recht hat«.

FEEDBACK ZUR ROUTINE MACHEN

Um die zweite Art, das umfassende, zu festgelegten Zeiten stattfindende Feedback zu üben und zu vertiefen, bietet sich die einfach Feedback-Übung *Unsichtbare*r Dritte*r* an. Sie erfordert nicht viel Vorbereitung, sollte allerdings moderiert werden. Fünf Schritte gehören zur Übung:

1. Die Teilnehmenden sitzen in einem Stuhlkreis. Alle nehmen sich einige Minuten Zeit, um eine für sie wichtige Frage zu notieren, zu der sie von der Gruppe Feedback möchten. Durch möglichst konkrete Formulierungen steigt die Wahrscheinlichkeit, dass das erhaltene Feedback als wirklich hilfreich empfunden wird. So könnte eine eher stille Person beispielsweise fragen: »Bin ich mit meinem Beitrag zum Team ausreichend sichtbar?« Eine impulsive Person könnte fragen: »Mir sind schnelle Entscheidungen sehr wichtig, wie geht es euch mit meiner Entscheidungsfreude?«
2. Eine Person meldet sich freiwillig, um als Erstes Feedback aus der Runde zu erhalten. Sie stellt ihre Frage an die Gruppe und beantwortet gegebenenfalls Verständnisfragen.
3. Nun dreht sie sich mit ihrem Stuhl um, sodass sie mit dem Rücken zur Gruppe sitzt. Sie nimmt Stift und Papier zur Hand, um sich Notizen zu machen.

4. Die übrigen Teammitglieder tauschen sich nun offen und wertschätzend miteinander über die Frage aus. Dabei sprechen sie so miteinander, als wäre der*die Feedbackempfänger*in nicht im Raum.
5. Wenn die wesentlichen Gedanken ausgetauscht wurden, dreht sich der*die Feedbackempfänger*in wieder zum Kreis, bedankt sich oder kommentiert etwas. Anschließend meldet sich die nächste freiwillige Person für Feedback.

Warum dreht sich die Person um? Sie kann sich dadurch voll und ganz auf das Gehörte konzentrieren und muss sich keine Gedanken, um ihre Mimik oder sonstigen Reaktionen machen. Außerdem wird das Gespräch der übrigen Teilnehmenden leichter, weil der Fokus ganz auf dem Gespräch bleibt.[14]

Je größer die Gruppe ist, desto länger dauert die Übung natürlich. Wenn die Übung mit zehn Personen eine Stunde dauert, dann brauchen zwanzig Personen ungefähr vier Stunden: nicht nur, weil doppelt so viele Personen Feedback bekommen, sondern vor allem auch, weil jeweils auch doppelt so viele Personen Feedback geben[15].

Abschließend schaut die Gruppe noch einmal den schon entwickelten Meeting-Prototyp an und tauscht sich darüber aus, inwiefern ein regelmäßiges Feedback-Format die bisherige Routine bereichern würde.

UNSICHTBARE*R DRITTE*R

ZIEL:
Die Teilnehmenden haben ein Format kennengelernt, um sich in der Gruppe gegenseitig Feedback zu geben.

4+ PERSONEN

30–45 MINUTEN

Post-its, Stifte, Flipchart/Whiteboard

14 Dieses Feedbackformat ist eine Abwandlung von *Reflecting Team*, einer vom Psychiater und Psychotherapeuten Tom Andersen entwickelten Gesprächsmethode aus der Systemischen Therapie.

15 Einer der vielen Gründe, weshalb Teams kleiner gedacht sein sollten: 20 Personen sind nach unserer Auffassung kein Team mehr, sondern mehrere.

KONFLIKTE KONSTRUKTIV AUFLÖSEN: DAS CLEAR-THE-AIR-MEETING UND DAS PEOPLE-MEETING

Dort wo Menschen eng zusammenarbeiten, entstehen früher oder später Konflikte. Damit aus kleinen Konflikten keine großen Konflikte werden, braucht es einen Ort, wo sie konstruktiv verarbeitet und aufgelöst werden können. Wir betrachten das als eine Art der Team-Hygiene. In diesem Sinne erinnern wir die Teilnehmenden, dass es für gute Zusammenarbeit nicht darum geht, Spannungen und Konflikte zu vermeiden, sondern gut darin zu werden, sie zu verarbeiten.

Ein Meeting-Typ, der zu diesem konstruktiven Umgang mit Konflikten beitragen kann, ist das Clear-The-Air-Meeting[16]. Es bietet uns einen geschützten Raum, um Ärger, Frust und Irritationen im Team zu verarbeiten und Spannungen zu lösen, die auf der Beziehungsebene stattfinden. Das Clear-the-Air-Meeting benötigt eine geübte Moderation, idealerweise durch eine Person, die in GFK geschult ist.

Der Ablauf des Clear-The-Air-Meetings sieht so aus:

1 Check-in

Bei diesem Meeting nehmen wir uns besonders viel Zeit für den Check-in. Wir fragen uns: Was gibt es zu feiern? Was gibt es zu bedauern? Je nach eigenem Ermessen können die Teilnehmer hier sowohl berufliche als auch persönliche Themen mit der Gruppe teilen.

2 Sammeln persönlicher Spannungen

Reihum halten die Teilnehmenden persönliche Spannungen fest. Für jede Spannung braucht es: den Namen des*der Spannungsinhaber*in, die Intensität der Spannung auf einer Skala von 1 bis 10 und die Anzahl der betroffenen Personen. Die Namen der Betroffenen werden an dieser Stelle aber noch nicht genannt.

16 Unter diesem Namen haben wir das Meetingformat von Georg Tarne kennengelernt, der es zunächst als Personal-Relations-Meeting in seinem Unternehmen Soulbottles entwickelt und später unter diesem Namen vorgestellt hat.

3 Bearbeiten der Spannungen mit der Spiegelmethode

In der Reihenfolge der Intensität der Spannung bearbeitet die Gruppe nun alle Spannungen. Der*Die Spannungsinhaber*in erklärt seine*ihre Spannung, die betroffene Person spiegelt das Gesagte, stellt Nachfragen und legt dar, wie sie die Spannung versteht. Anschließend eröffnet sie ihre Perspektive auf die Spannung. Die Antwort wird wiederum von dem*der Spannungsinhaber*in gespiegelt. Das geht als Ping-Pong so lange hin und her, bis beide Personen das Gefühl haben, gut verstanden worden zu sein. Anschließend kann eine Vereinbarung zu nächsten Schritten geschlossen werden. Oft ist das jedoch gar nicht mehr nötig, nachdem die Spannung ausgesprochen wurde und ein verständnisvoller Austausch stattgefunden hat.

4 Wertschätzungsrunde

Nachdem alle Spannungen bearbeitet wurden, beantworten die Teammitglieder reihum zwei Fragen: Für welche Dinge, die jemand aus dem Team getan hat, bin ich dankbar? Was habe ich im Verlauf der Zusammenarbeit zu schätzen gelernt?

5 Check-out

Zum Abschluss des Meetings checken die Teilnehmenden aus. Dabei sagen sie, was noch gesagt werden muss, um gut aus dem Meeting gehen zu können.

Dieses Meetingformat kann Teams auf eine ganz neue Ebene bringen. Wir empfehlen es jedoch nur, wenn es von einer geschulten und geübten Person moderiert wird, da sonst Schaden entstehen kann.

Weil diese*r Moderator*in nicht allen Teams zur Verfügung steht, stellen wir ein zweites Meetingformat für den Beziehungsraum vor: Das People-Meeting. Dieses Meetingformat kann auch ohne geschulte Moderator*in stattfinden.

Beide Meetings haben einen ganz ähnlichen Ablauf, wie diese folgende Abbildung zeigt:

Im People-Meeting wird die Vorgehensweise im zweiten Agendapunkt vom Team selbst ausgewählt. Die Person, die das Meeting vorbereitet, wählt zu jedem Meeting ein passendes Format zur Stärkung des Beziehungsraums aus. Das kann beispielsweise eines der Feedbackformate sein, die das Team im *Loop-Approach* kennengelernt haben. Wir empfehlen außerdem den *Circle Way*[17], der ein simples und gleichzeitig wirkungsvolles Format ist, um Themen zu besprechen, die das ganze Team betreffen. Oft kennen die Teams außerdem selbst Meetingformate, die sie gerne einbringen möchten. Jedes Format ist willkommen, das der Stärkung des Vertrauens und der psychologischen Sicherheit im Team dient.

Was oft unterschätzt wird: Selbst wenn gerade keine Konflikte zu klären sind, so sind auch schon der Check-in und die Wertschätzungsrunde sehr nützliche Aktivitäten zur Stärkung des Beziehungsraums.

17 | Anleitungen zur Gesprächsmethode *Circle Way* finden sich im Internet. Im Wesentlichen geht es darum zu einer relevanten Fragestellung jedes Teammitglied nacheinander zu Wort kommen zu lassen und dadurch aus den Einzelmeinungen eine gemeinsame Gruppenperspektive entstehen zu lassen.

Tipps fürs Clear-The-Air-Meeting

Vor dem Sammeln von Spannungen kann ein Moment der stillen Reflexion hilfreich sein.

Der*Die Moderator*in unterstützt die Parteien in der Konfliktbearbeitung dabei, ihre Botschaft zu vermitteln und gegenseitig gehört zu werden. Dabei liegt der Fokus darauf, die andere Partei in ihrer positiven Intention und ihrem Bedürfnis zu verstehen, die hinter der Verhaltensweise steht.

»Spiegeln« ist ein hilfreicher Bestandteil erfolgreicher Kommunikation in Konfliktsituationen. Geübte Teilnehmende können oftmals mit wenigen Worten die wesentliche Botschaft spiegeln. Wenn ein Bedürfnis genannt wurde, ist es besonders wichtig, dieses wiederzugeben.

Der*Die Moderierende kann Symbolobjekte für »Sender*in« und »Empfänger*in« bereithalten und den jeweiligen Parteien beim Prozessieren der Spannung geben. Dies vereinfacht das Rollen-Verständnis im Gespräch.

Der Fokus bei der Konfliktbearbeitung liegt auf dem*der Spannungsinhaber*in und dem*der Empfändger*in und dem Empfänger. Oftmals wollen sich mehrere Personen zum Konflikt äußern, sie stehen zunächst nicht im Fokus. Für ihre Meinungen und Kommentare ist Raum, sobald es zu einer Entspannung zwischen Sender*in und Empfänger*in gekommen ist und der*die Spannungsäußernde bei der Frage »Was brauchst du jetzt?« erlaubt, Vorschläge von außen anzuhören; auch dabei wird gespiegelt.

Überarbeitung des Meeting-Prototyps

Das Team hat jetzt, zum Abschluss von Modul 3, eine gute Basis, um sich nochmal die Frage zu stellen, wie die eigenen Meetings aussehen sollen. Wie lässt sich der Meeting-Prototyp aus Modul 2 weiter verbessern? Wie können weitere Meeting-Formate, basierend aus den Erkenntnissen aus Modul 3, ergänzt werden?

Welches Format wird für den Steuerungsraum (Governance) genutzt?[18] Welches für den Beziehungsraum (insbesondere für Feedback und Konflikte)?

Zunächst reflektiert es dafür, was schon da ist, und erstellt einen Überblick: Welche Meetings haben wir derzeit im Team? Welche neuen Spannungen gibt es zum Thema Meetings?

In einer letzten Übung entwickeln zwei Gruppen angepasste Meeting-Prototypen, die dann zu einem gemeinsamen Bild integriert werden. In diesem Bild sollte enthalten sein, welche Meetings das Team künftig braucht, welche Zielsetzungen sie haben, wer daran teilnimmt und in welcher Frequenz sie stattfinden. Die richtige Frequenz ist häufig ein Schlüssel zum Erfolg: Manche Meetings, wie beispielsweise das Sync-Meeting, ergeben im Wochenrhythmus Sinn, andere eher im Monats- oder gar Quartalsrhythmus.

Damit sich auch wirklich etwas ändert, formuliert das Team konkrete nächste Schritte, um die neue Meeting-Routine ins Leben zu rufen.

MEETING-PROTOTYP ÜBERARBEITEN

ZIEL:
Das Team hat die neuen Meeting-Formate integriert und sich auf neue Routinen geeinigt.

4+ PERSONEN | 60–90 MINUTEN | Post-its, Stifte, Flipchart/Whiteboard

18 Neben dem vorgestellten Governance-Meeting kann auch eine freiere Form gewählt werden oder z. B. Retrospektiven-Meetings zum regelmäßigen Reflektieren und Lernen.

Abschließend nehmen wir uns Zeit zu reflektieren, wo das Team zu Beginn der Reise stand und wo es jetzt ist. Im Idealfall hat es in Modul 3, folgende Ziele erreicht:

- ☑ Das Team nutzt einen festen Governance-Prozess, um die Struktur der Organisation fortlaufend zu verändern.
- ☑ Das Team hat ein Feedback-Format eingeübt und in die eigenen Meeting-Routinen integriert.
- ☑ Alle Teammitglieder haben sich in ihrer Konfliktfähigkeit verbessert, sodass zwischenmenschliche Spannungen in Zukunft effektiver bearbeitet werden können.
- ☑ Durch sichere Räume, Offenheit und gegenseitiges Vertrauen ist der Zusammenhalt im Team gestiegen.
- ☑ Alle offenen Fragen zum *Loop-Approach* sind geklärt und die nächsten Schritte sind klar.

WORKSHOPAGENDA MODUL 3 (BEISPIEL)

– TAG 1 –

9^{00} Check-in

9^{30} Reflexion Modul 1 & 2

10^{00} Vertiefung 4 Spaces

10^{45} Kaffeepause

11^{00} Governance-Meeting

12^{30} Mittagspause

13^{30} Lockerungsübung

13^{45} Input: Feedback

14^{15} Übung: Feedback

15^{15} Kaffeepause

15^{30} Übung: Feedback (Fortsetzung)

16^{45} Spannungen bearbeiten

17^{30} Check-out

WORKSHOPAGENDA MODUL 3 (BEISPIEL)

– TAG 2 –

9^{00}	Check-in
9^{30}	Reflexion zu Tag 1
10^{00}	Input: Gewaltfreie Kommunikation
10^{30}	Kaffeepause
10^{45}	4 GFK-Schritte üben
12^{00}	Reflexion GFK
12^{30}	Mittagspause
13^{30}	Lockerungsübung
13^{45}	Input zu Konflikten
14^{00}	Übung: Beziehungsraum-Meeting
15^{00}	Kaffeepause
15^{15}	Meeting-Prototyp apassen
16^{00}	Spannungen und nächste Schritte
16^{45}	Check-out

WAS DU AUS DIESEM KAPITEL MITNEHMEN SOLLTEST:

Ein Loop besteht aus drei Workshop-Modulen, die jeweils ca. zwei Tage dauern. Die Module bauen aufeinander auf und entsprechen den drei Schritten des Loops: Klarheit, Ergebnisse, Evolution.

In den drei Modulen verändert ein Team alle wesentlichen Aspekte der Zusammenarbeit und erlernt somit, wie das Loop-Mindset gelebt werden kann.

Am Ende eines Loops ist das Team selbst in der Lage, die Reise fortzusetzen: Alle wesentlichen Bausteine für selbstorganisiertes Arbeiten sind bekannt.

Das Team hat gelernt, wie es – basierend auf Spannungen – die eigene Struktur und die Art, wie gearbeitet wird, verändern kann.

DIE TRANSFORMATIONSARCHITEKTUR

Der *Loop-Approach* endet nie. Ein Team, das sich mithilfe unseres Ansatzes transformiert, durchläuft ihn in Schleifen: Wir nennen das Loops. Ein Loop endet, wenn das Team die Module 1, 2 und 3 durchlaufen hat. Es wäre aber illusorisch zu glauben, dass die Transformation nach drei größeren Workshop-Blöcken abgeschlossen ist. Eigentlich beginnt sie erst so richtig, wenn der erste Loop absolviert ist.

So sehr wir daran glauben, dass mit diesem Instrument die wichtigste Methode bereitsteht, um eine Organisation von innen heraus zu transformieren, so wissen wir doch aus der Praxis, dass eine erfolgreiche Transformation mehr braucht als nur das.

Zwar besteht eine effektive Organisation im Kern aus effektiven Teams. Aber eine größer angelegte Transformation ist komplex und braucht ein gewisses Maß an Planung und Steuerung. Daher geben wir in diesem Kapitel Einblicke in unsere größere Transformationsarchitektur. Was muss vor und nach sowie parallel zu den Loops passieren, damit alles reibungslos funktioniert? Zwei Bereiche betrachten wir dafür:

- Rahmenbedingungen und Erfolgsfaktoren erfolgreicher Transformationen;
- die Arbeitsstränge eines übergreifenden Transformationsprozesses.

ERFOLGSFAKTOREN

Veränderungsprozesse sind unberechenbar und komplex. Und dennoch können wir die Erfolgsaussichten erhöhen, indem wir sicherstellen, dass die Bedingungen, die den *Loop-Approach* begleiten, möglichst optimal sind. Indem wir wesentliche Hindernisse aus dem Weg räumen und Erkenntnisse aus früheren Transformationsprojekten nutzen. In unserer eigenen Arbeit haben wir diese elf Erfolgsfaktoren für eine gelungene Transformation identifiziert.

Die Spitze geht voran

Eine Transformation ist nach unserer Erfahrung aussichtslos, wenn sie nicht von der Spitze der Organisation gewollt und unterstützt wird. Die Personen mit der Macht, sie zu starten – und wieder zu beenden –, müssen ein klares Commitment für die Transformation zeigen. Und mehr als das:

- Die Führung muss die Notwendigkeit der Transformation erkennen.
- Sie muss diese Notwendigkeit und das eigene Commitment zur Veränderung klar und unmissverständlich kommunizieren.
- Sie muss sich Zeit nehmen, um das, was gemacht wird, selbst zu verstehen.
- Sie muss mit gutem Beispiel vorangehen und sich an die Spielregeln der Veränderung halten.

Gerade der letzte Punkt scheitert oft daran, dass die Beteiligten sehr wenig Zeit haben und relativ langsam neue Verhaltensweisen erlernen. Häufig sehen wir, dass die Spitze zwar Bereitschaft kommuniziert, sich selbst zu verändern, dann aber trotzdem neue Verhaltensweisen infrage stellt. Wenn am Ende von Modul 2 eine Führungskraft im Team fragt, warum hier auf einmal alle von Spannungen reden, stärkt das nicht gerade den Prozess. Das versuchen wir zu vermeiden, indem wir alle für die Transformation wichtigen Führungskräfte intensiv einbeziehen.

Inseln der Transformation schaffen

Manchmal ist es schwierig, die Spitze einer großen Organisation für die Transformation zu gewinnen. Dann empfiehlt sich die Strategie, zunächst einmal nach Inseln zu suchen, nach Abteilungen oder Teams, die von sich aus etwas verändern wollen und bereit sind, mit ihrem Bereich der Organisation voranzugehen. Diese Inseln der Transformation müssen geschützte Orte sein, so autonom, dass dort wirklich Neues ausprobiert und Dinge geändert werden können.

Wenn das gegeben ist, kann ein kleines Experiment einen großen Effekt haben: Die Mitarbeitenden des Teilbereichs stürzen sich, unterstützt von der Führungskraft, begeistert auf die neuen Tools und Methoden. Sie beginnen, darüber zu sprechen, und irgendwann kommt in den angrenzenden Teilen der Organisation die Frage auf: »Warum machen wir das nicht auch?« So werden plötzlich andere Führungskräfte neugierig und entscheiden sich, ihren Bereich ebenfalls zu einer Insel der Transformation werden zu lassen. Und ehe man sich's versieht, hat auch die Spitze der Gesamtorganisation die ursprüngliche Skepsis überwunden – und es besteht die Chance, nach und nach das gesamte Unternehmen zu transformieren.

Klare Gründe für die Transformation kommunizieren

Eine Transformation kann nur dann erfolgreich sein, wenn alle in der Organisation verstanden haben, welche Probleme durch sie gelöst werden sollen. Es braucht ein gemeinsames Verständnis des *Warum*, ehe alle für das *Wie* abgeholt werden können. Transformation ist Arbeit und auch Rückschläge gehören dazu. Eine starke gemeinsame Motivation, auf die der Prozess sich stützen kann, hilft dabei, die Rückschläge abzufedern. Neben den oft negativ formulierten Problemen, die gelöst werden sollen (»Wir sind zu langsam«, »Wir können unsere Potenziale nicht voll nutzen«), ist es wichtig, auch ein positives Bild davon zu zeichnen, wie die Zusammenarbeit aussehen wird, wenn die Transformation vorangeschritten ist (»Wir können uns in unseren Rollen voll entfalten«, »Wir reagieren schnell und unbürokratisch auf Veränderungen in der Umwelt«).

Alle Führungsebenen mit auf die Reise nehmen

Selbst wenn es gelingt, die Spitze einer Organisation von der Transformation zu überzeugen, entstehen oftmals Widerstände – und zwar auf der zweiten und dritten Führungsetage. Dort befinden sich Menschen, die viel Zeit und Energie investiert haben, um sich in der Organisation Macht und Privilegien zu verdienen. Viele von ihnen beherrschen alle politischen Kniffe, um sich Vorteile zu verschaffen, was oft dazu führt, dass die Kritiker*innen ihre Bedenken gegenüber der Transformation nicht offen äußern, sie aber auf anderen Wegen sabotieren. Umso wichtiger ist es, sich zu fragen:

- Wie können wir alle Personen mit auf die Reise nehmen?
- Welche alternativen Pfade zu Erfolg und Privilegien können wir denen anbieten, die künftig Teile ihrer hierarchisch gefestigten Macht abgeben sollen?
- Welche Pfade bieten wir an, damit das Bedürfnis nach Karriere auch in Zukunft befriedigt wird?
- Wie schaffen wir es, auch mit den Führungskräften im Dialog zu bleiben, die gegen die Transformation sind und Angst vor Veränderung haben?

Es lohnt sich, allen Führungskräften mit Wertschätzung und Empathie zu begegnen. Denn wenn es gelingt, ihre möglichen Widerstände in Unterstützung zu verwandeln und die einflussreichsten Personen in der Organisation zu überzeugen, stärkt das auch das Transformationsvorhaben.

Akzeptieren, dass nicht alle die Reise mitmachen werden

So sehr wir uns bemühen: Es gibt immer auch Mitarbeitende, die eine Transformation dauerhaft ablehnen. Das lässt sich nicht vermeiden, und es macht auch überhaupt nichts. In jeder Organisation arbeiten Menschen, die nicht alle Werte der Organisation teilen. Meistens spricht nur niemand darüber, die entstehenden Spannungen werden in Kauf genommen. Unser Anspruch an eine Transformation ist, dass im Prozess klar wird, welches Verhalten im Unternehmen gewünscht ist und welches nicht. So können alle Mitarbeitenden klar sehen, ob ihre eigenen Werte und Vorstellungen zu dem passen, was die Organisation sein möchte. Dass diejenigen gehen, auf die das nicht zutrifft, ist ein gesunder Teil des Prozesses. Das hat sich zum Beispiel der Online-Händler Zappos zu Herzen genommen. Während der Transformation bot das US-Unternehmen allen Mitarbeitenden den Betrag von mehreren Monatsgehältern für den Fall, dass sie das Unternehmen verlassen.

Starke interne Change-Agents aufbauen

Externe Begleiter*innen können immer nur Impulse geben; die eigentliche Transformation muss aus der Organisation heraus kommen. Dafür braucht es starke Change-Agents, die Verantwortung übernehmen und die Veränderung antreiben. Beim *Loop-Approach* sind das häufig Menschen, die schon eine gewisse fachliche Nähe zu den Themen mitbringen, um die es hier geht.

Es ist auch wichtig, Menschen mit Führungsverantwortung zu internen Change-Agents zu machen. Denn je mächtiger die Fürsprecher*innen, desto reibungsloser die Transformation. Bei der Überzeugungsarbeit kann es helfen, den Führungskräften klarzumachen, dass Organisationsentwicklung in den Organisationen der Zukunft eine zentrale Führungsaufgabe ist.

In vielen Organisationen möchte zu Beginn der Transformation niemand Verantwortung für das Projekt übernehmen. Es werden Mitarbeitende vorgeschickt, die nicht sonderlich anerkannt sind oder sogar als Querulant*innen gelten. Erst wenn es gelungen ist, ein starkes internes Transformationsteam aufzubauen, in dem auch Menschen aus der zweiten Führungsetage der Organisation sitzen, werden die Fortschritte größer und schneller.

Kontinuierlich kommunizieren

Kommunikation ist aus vielen Gründen essenziell für eine erfolgreiche Transformation. Zum einen wünschen sich alle Mitarbeitenden stets mehr Transparenz und Mitsprachemöglichkeiten, insbesondere dann, wenn sich etwas im Unternehmen verändert. Daher gilt während einer Transformation die Regel: Es kann (fast) nicht zu viel darüber kommuniziert werden.

Besonders wichtig ist dabei, dass sich die Führungsspitze regelmäßig zum Stand der Transformation äußert, dass die Organisation Erfolge kommuniziert, aber auch einen ehrlichen Diskurs über Herausforderungen ermöglicht und moderiert. Denn häufig lassen sich nach einer anfänglichen Phase der Begeisterung Probleme und Rückschläge nicht vermeiden. Und die lassen sich viel leichter überwinden, wenn sie nicht totgeschwiegen, sondern als produktive Spannungen eingebracht und aufgelöst werden.

Hilfreich können dabei auch regelmäßige Dialogformate sein, die allen Mitarbeitenden die Chance geben, Fragen zu stellen. Dazu reicht in der Regel eine Art Sprechstunde, in der Führungskräfte und Change-Agents zum Gespräch einladen. Alleine das Angebot eines solchen Formats ist oftmals schon genug, um Gegner*innen der Transformation den Wind aus den Segeln zu nehmen.

Keine Wunder erwarten

»In drei Monaten arbeiten wir alle agil« sagt sich leicht und klingt auch schön. Aber solche Versprechungen lösen nur Erwartungen aus, die nicht eingelöst werden können. Und solche vermeintlichen Misserfolge, die aus einer unrealistischen Erwartungshaltung entstehen, haben eine unnötige Abwertung der Transformation zur Folge. Daher ist es klüger, klar zu kommunizieren, dass es sich bei der Transformation eher um einen Marathon als um einen Sprint handelt. Der Prozess dauert sehr lange, eigentlich geht er nie zu Ende – und es ist durchaus üblich, dass sich in der ersten Zeit keine sichtbaren Verbesserungen einstellen. Ein Unternehmer, der sich für die Transformation seines mittelständischen Betriebs entschieden hatte, sagte einmal zu uns, er erwarte eine Verbesserung in der Leistungsfähigkeit seines Unternehmens in etwa drei Jahren. Auf dem Weg dorthin rechne er eher mit Einbußen in der Leistungsfähigkeit, weil so viel Zeit in Trainings und das Erlernen neuer Verhaltensweisen investiert werden müsse.

Zwar wollen wir mit dem *Loop-Approach* die Transformation so graduell gestalten, dass sich keine Verschlechterung in der Leistungsfähigkeit einstellt. Aber dennoch gilt: Wer Wunder erwartet und verspricht, wird enttäuscht werden.

Auf Pionier*innen und interne Multiplikator*innen setzen

Zu Beginn der Transformation braucht es Pionier*innen, die bereit sind, sich mit ihren Teams in den Prozess zu stürzen, auch wenn vielleicht noch vieles unklar ist. Diese Pionier*innen sollten sich freiwillig melden, und ihnen sollte klar sein, dass sie Pionierarbeit leisten, von der andere profitieren werden. Der *Loop-Approach* ist zu Beginn einer Transformation ein Prototyp, der im weiteren Verlauf schrittweise an die Bedürfnisse der Organisation angepasst wird. Daher laufen die Modul-Workshops bei den ersten Teams noch etwas mühsamer als bei den späteren Durchgängen. Menschen und Teams, die ein Early-Adopter-Mindset mitbringen, macht das jedoch nichts. Es lohnt sich also, genau zu überlegen, welche Teams dazu geeignet sind, eine Transformation anzustoßen.

Das Team macht den Unterschied

Nach unserem Verständnis ist ein Team eine Gruppe von Menschen, die gemeinsam an einer Sache arbeiten und das auch wollen. Für diese Art von Teams haben wir den *Loop-Approach* entwickelt. Der *Loop-Approach* funktioniert hingegen nicht so gut, um mit Gruppen von Menschen zu arbeiten, die kein Team im engeren Sinne sind, die also kaum oder gar nicht zusammenarbeiten und keine gemeinsamen Ziele verfolgen. Auch ist der Ansatz nicht dafür gedacht, zerstrittene, sich auflösende oder viel zu große Teams zu transformieren. Klar: Auch diese Teams sind wichtig, und auch für diese Teams gibt es Hilfe. Der *Loop-Approach* ist dafür aber nicht konzipiert.

Jenseits des Change-Managements

Die alte Idee eines linearen Veränderungsprozesses mit einem klaren Anfang und Ende bringt uns heute nicht mehr weiter. Sie folgt dem *Command-and-control*-Paradigma, das wir mit dem *Loop-Approach* hinter uns lassen wollen. Aus diesem Grund vermeiden wir den Begriff *Change*, so gut es geht – und sprechen stattdessen lieber von Transformation. Denn damit wir überhaupt eine Chance haben, erfolgreich zu sein, sollte unser eigener Transformationsprozess der Haltung entsprechen, die wir in die Organisation zu tragen versuchen. Selbstverständlich arbeiten wir spannungsbasiert, planen agil, lernen im Prozess und setzen auf Eigenverantwortung und Vertrauen. Das ist der *Loop-Approach*: ein guter Prozess für gute Arbeit.

DIE TRANSFORMATIONSARCHITEKTUR
MONAT 1
MONAT 2
MONAT 3
MONAT 4
MONAT 5
MONAT 6
...
TEAM-LOOPS
ANALYSE & KONFIGURATION
STAKEHOLDER*INNEN-MANAGEMENT
STEUERUNGSTEAM
FÜHRUNGS-LOOP
VERTIEFUNGSTRAININGS
CONTENT UND KOMMUNIKATION
DAS BETRIEBSSYSTEM

Zur größeren Architektur des *Loop-Approach* gehört nicht nur ein einziger Loop, wie wir ihn ausführlich erklärt haben, sondern sehr viele Loops. Und noch mehr Bausteine sind nötig, damit die Transformation gelingen kann. Wir beantworten nun die Frage, wie die Gesamtarchitektur einer Transformation mit dem *Loop-Approach* aussieht, was um die eigentlichen Loops herum zu beachten ist – und welche Arbeitsstränge dafür nötig sind.

ANALYSE & KONFIGURATION

Ein Transformationsprojekt, das den Namen verdient, ist nicht in wenigen Wochen abgeschlossen und auch nicht in wenigen Monaten. Wir begleiten Organisationen in der Regel mindestens über ein Jahr hinweg, häufig sogar noch deutlich länger. Zuerst müssen ein paar wichtige Fragen beantwortet werden:

- Warum will sich die Organisation überhaupt transformieren?
- Welche Probleme möchte die Organisation mit der Transformation lösen?
- Hat die Organisation ein motivierendes Zielbild für die Transformation?
- Sind die Mitarbeitenden an Bord und haben sie die grundlegende Bereitschaft, etwas zu verändern?
- Ist die Führung an Bord?
- Ist ein Erfolg des Projekts realistisch oder gibt es zu viele intervenierende Variablen, die ein Gelingen unwahrscheinlich machen?

Es ist wirklich bemerkenswert, wie viele Organisationen zwar das Neue wollen, auf Nachfrage aber nicht beantworten können, warum sie es wollen. In dieser Phase entwickeln wir innerhalb von ein paar Wochen ein Bild davon, wo die Organisation gerade als Ganzes steht und wo sie ungefähr hinwill. Erst wenn wir alle Fragen zufriedenstellend beantworten können, starten wir mit der Konfiguration des Loops und gehen über in die Projektplanung.

Nach dem Vorbild der Muster-Projektarchitektur erstellen wir eine Projektarchitektur, die an die Situation der Organisation angepasst ist. Denn wie schon geschrieben: Der *Loop-Approach* ist bezüglich der darin verwendeten Methoden konfigurierbar. Hat die Organisation beispielsweise gar keine Probleme mit der Transparenz und dem Informationsfluss, ist es möglicherweise auch nicht nötig, Formate wie das Sync-Meeting einzuführen. Jeder Modulbaustein wird in dieser Phase kritisch hinterfragt und, wenn sinnvoll, durch einen anderen ersetzt.

Dann wählen wir die Teams aus, die zuerst in ihren Loop starten. Bei der Auswahl helfen folgende Leitgedanken:

Freiwilligkeit als Grundvoraussetzung

Kein Team sollte aufgrund des Wunsches oder Willens von Dritten in den Prozess starten.

Bewerbung für die Teilnahme

Besonders schön ist es, wenn die Teams sich bewerben und dann eine Auswahl getroffen werden kann, welches als Erstes in den Prozess startet.

Selbstzahler*innen vs. Fremdzahler*innen

Es sollte abgewägt werden, was besser funktioniert: wenn die Teams für die Workshops selbst ein Budget bereitstellen müssen oder wenn es ein zentrales Gesamtbudget gibt, von dem alle profitieren.

Pionier*innen gesucht

Für die ersten Loops braucht es Teams, die etwas ausprobieren wollen, das noch gänzlich neu in der Organisation ist.

Die eigene Medizin nehmen

Gibt es ein zentrales Steuerungsteam für die Transformation, sollte dieses den Prozess auch möglichst früh durchlaufen. So entsteht Glaubwürdigkeit, und das Team kann mit gutem Beispiel vorangehen.

STAKEHOLDER*INNEN-MANAGEMENT

Ein Strang, der in der Transformationsarchitektur nicht fehlen darf, betrifft ihre Stakeholder*innen. Denn es gibt in jeder Organisation Menschen, die den Prozess der Veränderung beschleunigen und behindern können, und die sollte man im Blick haben. Wir haben einige Transformationen erlebt, die unnötige Umwege nehmen mussten, weil schlicht vergessen wurde, Menschen mit in den Prozess zu integrieren, die diesem dann Schaden zugefügt haben. Oft macht dieser Arbeitsstrang vergleichsweise wenig Arbeit, bewirkt aber einen großen Unterschied für den Erfolg und verringert vor allem das Risiko unangenehmer Überraschungen.

Um in diesen Arbeitsstrang zu starten, arbeiten wir mit einer einfachen Methode, die gern etwas hochtrabend als Stakeholder-Mapping bezeichnet wird: Wir verorten alle Stakeholder*innen, die uns einfallen, auf zwei Dimensionen:

- *Wie viel Macht und Einfluss hat die Person oder die Gruppe von Personen?*
- *Wie positiv ist bzw. sind sie uns gesinnt?*

So können wir schnell die wichtigsten Personen (und Personengruppen) identifizieren und uns dann fragen:

- *Welchen bestehenden Kanal zu diesen Stakeholder*innen können wir nutzen (hat zum Beispiel jemand im Transformationsteam eine gute Beziehung zu einer der identifizierten Personen)?*
- *Welche pragmatischen und effizienten Wege fallen uns ein, um die Stakeholder*innen jeweils in unseren Prozess einzubinden (reicht es zum Beispiel, die Person regelmäßig bei einem Mittagessen auf dem Laufenden zu halten)?*

Im Prozess empfiehlt es sich oft, eine oder mehrere Rollen im Transformationsteam zu schaffen, die für die einzelnen Stakeholder*innen verantwortlich sind. Und Updates aus diesen Rollen lassen sich problemlos in ein Regelmeeting integrieren.

DIE LOOPS

Dann starten wir mit den Teams in die Loops. Das erste Team beginnt seine Reise, die etwa zwei bis drei Monate dauert. Dafür braucht das Team zwei Loop-Trainer*innen, die es durch den Prozess begleiten. Gleich zu Beginn terminieren wir die drei Module und schalten gegebenenfalls noch ein vorbereitendes Modul 0 davor, um das Team abzuholen. Zwischen den eigentlichen Modulen organisiert das Team selbstständig Recap-Termine. Dafür wird kein*e Trainer*in benötigt.

Das zweite Team startet in der Regel etwas zeitversetzt in die Reise durch die drei Module. Idealerweise ergeben sich aus den Erfahrungen mit Team 1 bestimmte Parameter, die wir im Loop anpassen können, sodass dieser bei Team 2 schon leicht nachkonfiguriert ist.

In einem typischen von uns begleiteten Transformationsprojekt stehen wir als Trainer*innen den ersten drei bis maximal acht Teams zur Seite. Parallel bilden wir interne Trainer*innen aus, die uns nach einer gewissen Zeit als Co-Trainer*innen zur Seite stehen. Sobald die internen Trainer*innen sich kompetent genug fühlen, ersetzen sie uns in diesem Arbeitsstrang vollständig.

DAS MODUL 0

Im Grunde können Teams ohne jede Vorbereitung in das Modul 1 starten. Doch viele Organisationen haben den Wunsch, die zwei ersten richtigen Loop-Tage nicht gänzlich unvorbereitet zu beginnen. Dafür gibt es das Modul 0. Dieser Workshop, der in der Regel in der Woche vor dem Modul 1 durchgeführt wird, dauert meist zwei bis drei Stunden und hat folgende Ziele:

- Das Team erfährt, was es im weiteren Prozess zu erwarten hat.
- Es macht eine Bestandsaufnahme mit dem Schieberegler zu den sieben Tugenden (siehe Abbildung nächste Seite) und legt Entwicklungsziele für die Reise durch die Loop-Module fest.

Das Modul 0 ist eine gute Gelegenheit, um sicherzustellen, dass das Team auch wirklich bereit ist für den Start in den Loop:

- Wissen alle, was sie erwartet, und sind bereit für die gemeinsame Reise?
- Handelt es sich wirklich um ein Team (vier bis zwölf Personen, die den größten Teil ihrer Arbeitszeit auf dieses Team verwenden), das an einer gemeinsamen Sache arbeitet?
- Oder handelt es sich nicht im engeren Sinne um ein Team, sondern eher um eine Interessengemeinschaft oder Austauschgruppe?

Analyse des Ist-Zustands

Als Vorbereitung auf den eigentlichen Loop analysieren wir in Modul 0 gemeinsam mit dem Team den derzeitigen Ist-Zustand – und geben einen Ausblick darauf, wo es am Ende des Loops stehen könnte. Das geschieht mithilfe unserer sieben Tugenden. Für jede der sieben Tugenden lässt sich eine Bestandsaufnahme machen: Wo steht das Team aktuell?

Um das Ist festzulegen, brauchen wir die subjektiven Einschätzungen der Teammitglieder. Dafür vergibt jedes Mitglied eines Teams Klebepunkte auf den einzelnen Schiebereglern, um das Team als Ganzes auf der jeweiligen Tugend zu verorten. Oder wir machen eine Aufstellung im Raum, bei der sich die Mitglieder zwischen den beiden Polen verteilen.

Wo liegt das Soll?

Wenn das Ist bestimmt ist, braucht es eine Diskussion über das Soll. Denn für jeden Ist-Zustand lässt sich ein Soll finden: Was wäre die nächste, sinnvolle Entwicklungsstufe? Natürlich wäre es wünschenswert, mit einem Zaubertrick zum positiven Ende des Spektrums zu springen – und zwar in allen sieben Tugenden. Realistischerweise sollte dieses Ende aber als idealer Zielzustand betrachtet werden, der niemals erreicht werden kann. Die Frage muss daher sein: Was ist der nächste sinnvolle Evolutionsschritt (in jeder der sieben Tugenden)? Wie können wir dem idealen Zielzustand einen wichtigen Schritt näher kommen?

Trainings und Vertiefungsmodule

Neben dem Modul 0 und den eigentlichen Loops gibt es viele Anknüpfungspunkte für weitere Trainings und vertiefende Module. Einige davon finden wir besonders häufig in Transformationsarchitekturen, sie stellen wir im Folgenden dar. Letztlich entscheidet jede Organisation selbst – auf der Basis von Spannungen –, welche weiteren Trainings und Workshops für die Transformation benötigt werden.

Facilitation-Training

Entscheidend für den Erfolg der neuen Meeting-Routinen sind gute Facilitators. Um diese auszubilden, müssen parallel zu den laufenden Loops auch spezielle Trainings angeboten werden. Der Aufwand dafür ist überschaubar: Jedes Team braucht ein bis zwei gute Facilitators, und in einem Training lassen sich bis zu zehn Personen parallel ausbilden. Oftmals wird in den Modulen des *Loop-Approach* schnell klar, welche Mitglieder eines Teams gut darin sind, Meetings zu moderieren. Die entsprechenden Teilnehmer*innen identifizieren wir und schlagen ihnen vor, ihre Moderationsfähigkeiten im vertiefenden Training zu verbessern. Da lernen sie unter anderem, ein Meeting durch Moderationsfragen wie »Was brauchst du?« zu lenken und ihre Körpersprache gezielt einzusetzen.

Vertiefungsmodul persönliche Effektivität

Zu Beginn von Modul 2 widmen wir uns der Frage nach der individuellen Arbeitsorganisation und schaffen eine gemeinsame Grundlage im Team. In vielen Organisationen zeigt sich aber, dass die Unterschiede groß sind: Manche Teammitglieder nutzen Methoden wie Getting Things Done, haben ihre Inbox gut im Griff und denken bereits in Aufgaben und Projekten. Andere haben sich nie mit der Frage beschäftigt, wie sie sich selbst besser organisieren können. Damit ein Team gut zusammenarbeiten kann, ist es ganz wichtig, dass alle Mitglieder gleichermaßen in der Lage sind, die eigene Arbeit zu organisieren, zu priorisieren und mit anderen abzustimmen.

Deshalb empfehlen wir in einem Transformationsprozess häufig, ein Vertiefungsmodul zum Thema persönliche Effektivität anzubieten. Das wird nicht vom ganzen Team durchlaufen, sondern freiwillig von allen Beschäftigten, die im Bereich der individuellen Arbeitsorganisation besser werden wollen. Im Vertiefungsmodul lernen sie dann aus Werkzeugkoffern wie *Getting Things Done* und den *7 Habits of Highly Effective People*.

Vertiefungsmodul effektive Kommunikation

Auch wenn sein Name etwas unglücklich gewählt ist, sind wir große Befürworter*innen des Modells der Gewaltfreien Kommunikation (GFK). Effektive Kommunikation ist für uns ein großer Hebel, damit eine Transformation gelingen kann. GFK empfehlen wir wärmstens allen Organisationen, die eine Kultur des Vertrauens, der Unterstützung und der menschlichen Verbindung möglich machen wollen.

Insbesondere in Modul 3 beschäftigen sich die Teilnehmenden mit der GFK. Das ist zwar ein Anfang, häufig brauchen die Teammitglieder aber noch mehr Zeit, um die Schritte effektiver Kommunikation zu verinnerlichen. Deshalb bieten wir zur Gewaltfreien Kommunikation bei Bedarf ein Vertiefungsmodul an. Viele Organisationen, mit denen wir arbeiten, sind von diesem Ansatz so begeistert, dass sie sich entscheiden, selbst Trainer*innen und Mediator*innen ausbilden zu lassen.

Vertiefungsmodul Achtsamkeit

Dem individuellen Raum aus dem 4-Räume-Modell widmen wir uns im *Loop-Approach* nur selten explizit, auch wenn wir viele kleine Achtsamkeitspraktiken in unseren Ansatz aufgenommen haben. Dazu gehören zum Beispiel die Check-ins. Wenn sie den *Loop-Approach* durchlaufen, stellen viele Organisationen fest, dass sie dem Thema Achtsamkeit und der Fähigkeit zur empathischen Einfühlung mehr Raum geben wollen. Der Erfolg von Programmen wie *Search Inside Yourself* zeigt, welche Rolle das Thema inzwischen im Kontext der Arbeit spielt. Möchten Teilnehmende mehr Zeit und Begleitung darin haben, sich mit ihrem individuellen Raum und dem Bearbeiten individueller Spannungen zu widmen, bieten wir ein Vertiefungsmodul zum Thema Achtsamkeit an.

DER FÜHRUNGS-LOOP

Ohne die Führungsebene geht es nicht. Wie schon beschrieben: Führungskräfte der Zukunft brauchen grundsätzlich neue Kompetenzen, um in unsicheren Umgebungen zu führen. In unserer Loop-Organisation sind sie nicht (mehr) dafür da, die Mitarbeitenden zu managen und zu kontrollieren, ob alle ihren Job machen. Ihre Aufgabe besteht nicht darin, alle Entscheidungen selbst zu treffen. Für wirklich gute Führung bleibt dann nämlich kaum Zeit. Stattdessen müssen sie sich mit der Frage beschäftigen, ob sie das richtige Maß an Zeit und Aufmerksamkeit auf ihre Führungsrollen verwenden: Welche Rollen kosten viel Zeit, obwohl sie eigentlich keine Priorität haben sollten? Welche davon können vielleicht an das Team delegiert werden?

Oftmals lohnt es sich, mit einzelnen Führungskräften ins Coaching zu gehen und ihnen dabei zu helfen, ihre aktuellen Rollen abzubilden und dann zu entscheiden, welche davon sie weiter beibehalten wollen und welche sie vielleicht abgeben sollten.

Wir ermutigen die Führungskräfte auch dazu, ganz neue Führungsrollen zu entwickeln, die in Zukunft mehr Aufmerksamkeit bekommen sollen. Dafür beziehen sie das eigene Team und die dort vorhandenen Bedürfnisse ein. Das Team fragt sich: Welche Tätigkeiten und Rollen haben Führungskräfte aktuell in diesem Unternehmen? Welche davon sollten weiterhin Führungsaufgaben sein? Welche sollten beim Team liegen?

Drei Rollen, die auch für Führungskräfte der Zukunft auf jeden Fall wichtig sind:

Leadership
Das ist der Teil von Führung, der eine große Vision aufzeigt, sie in Strategien übersetzt und alle Mitarbeitenden mitnimmt. Im ständigen Austausch mit der Innen- und Außenwelt des Unternehmens muss das Bild immer wieder angepasst oder neu entworfen werden.

Prozessführung
Damit meinen wir den Bereich des Führens, der die gemeinsamen Ziele in gute Prozesse übersetzt. Die Führungskraft muss sich jeden Tag fragen, was zu tun ist, welche Taktiken und Teilschritte die richtigen sind, wo es Anpassungen braucht und welche Fallstricke antizipiert werden müssen.

Coaching
Damit ist der Teil von Führung angesprochen, der sich darum kümmert, dass alle Beschäftigten sich persönlich und fachlich weiterentwickeln, stetig lernen und ihr volles Potenzial entfalten.

Wir begleiten die Führungskräfte dabei, einen Prototyp an Führungsrollen zu entwickeln, der die Blaupause dafür bildet, wie in der Organisation Führung gelebt wird. Der sollte zu den Arbeitsprinzipien passen, die sich das Team mit dem *Loop-Approach* aneignet, aber gleichzeitig auch die speziellen Anforderungen der Organisation abbilden. Je nachdem, wo die Führungskräfte aus der Organisation stehen, durchlaufen sie einen Führungs-Loop, bevor das Team in den Prozess startet. Der Loop für die Leitungsebene kann aber auch parallel zur Teamtransformation ablaufen.

Content und Kommunikation

Ein weiterer Arbeitsstrang widmet sich dem Thema Content und Kommunikation. Wir haben die Erfahrung gemacht, dass begleitende und gut aufbereitete Inhalte sehr kraftvoll sein können, um die Transformation zu unterstützen. Es kann sinnvoll sein, das vermittelte Wissen über die Workshops hinaus durch Online-Trainings, Glossare oder Wikis mehr Personen aus der Organisation zugänglich zu machen. Wir verwenden in unseren Transformationsprojekten deshalb oft begleitenden Content.

Viele Organisationen finden kreative Wege, hilfreiche Vokabeln in die Organisation zu tragen. Sie erstellen Poster, auf denen groß »Was brauchst du?« oder »Von welcher Rolle kannst du das erwarten?« steht. Bei einem Berliner Unternehmen, das Holacracy einführte, stand auf einer Klowand »Keep calm and mention your tension«.

Gleichzeitig ist es oft nützlich, den Arbeitsstrang Kommunikation in die Projektarchitektur mit aufzunehmen, um sicherzustellen, dass an entscheidenden Stellen die wichtigen Informationen in die Organisation kommuniziert werden. So kann es von Bedeutung sein, dass die Führungsspitze regelmäßig Updates über den aktuellen Stand der Transformation erhält. Damit Teams aus der Organisation, die den *Loop-Approach* (noch) nicht durchlaufen, mitkriegen, was in den Loop-Teams passiert, und von diesem Wissen profitieren, kann das interne Transformationsteam eine Sprechstunde anbieten oder andere Formate organisieren, in denen Loop-Erfahrungen geteilt und Fragen gestellt werden können.

DIGITALE INHALTE ERMÖGLICHEN EINE BESSERE SKALIERUNG DES TRANSFORMATIONSPROJEKTS.

DAS BETRIEBSSYSTEM

Im Kontext von Transformation wird oft von neuen Betriebssystemen (engl. Operating Systems oder OS) gesprochen. Manche Strömungen, darunter beispielsweise Holacracy, stellen ein solches Betriebssystem ganz an den Anfang der Transformation. Wir empfehlen, erst nach einer längeren Zeit, also mindestens sechs Monate nach dem Start der ersten Loops, mit der Arbeit an einer Kodifizierung der neuen Spielregeln zu arbeiten. Denn erst dann lässt sich recht zuverlässig sehen, welche neuen Regeln wirklich gelebt werden und Sinn für die Organisation ergeben.

Unserer Erfahrung nach ist es erfolgversprechend, das eigene Regelwerk so schlank wie möglich zu halten und dafür zu sorgen, dass alles, was dort steht, auch wirklich bekannt ist und gelebt wird. Wo und in welcher Form es festgehalten wird, spielt keine größere Rolle. Oftmals haben die Organisationen schon digitale Ablageorte, die sich dafür anbieten. Wichtig ist nur: Alle Mitarbeitenden müssen aufs Betriebssystem zugreifen können und es nutzen. Es sollte unbedingt auch in das Onboarding neuer Mitarbeiter*innen aufgenommen werden.

WAS DU AUS DIESEM KAPITEL MITNEHMEN SOLLTEST:

Ein größerer Transformationsprozess ist immer komplex und sein Verlauf unvorhersehbar. Dennoch gibt es bestimmte Erfolgsfaktoren, die sein Gelingen begünstigen. Dazu gehören das Abholen aller Mitarbeitenden, inklusive Führungskräfte.

Die Loop-Transformationsarchitektur setzt sich aus verschiedenen Arbeitssträngen zusammen: Ihr Kern sind die Loops, die Arbeit mit den Teams. Flankiert wird diese Arbeit durch ergänzende Trainings, Stakeholder*innen-Management und Kommunikation.

In Form eines Führungs-Loops können und sollten Führungskräfte gezielt bei der Transformation unterstützt werden.

In jedem Fall ist es sinnvoll, die Architektur modular und passgenau anzulegen, sodass sie den Bedürfnissen der Organisation entspricht.

Zuständig für die Architektur ist ein Steuerungsteam, für das idealerweise einige Mitarbeitende abgestellt werden, die vollen Fokus auf die Transformation haben.

DIE SIEBEN TUGENDEN EFFEKTIVER ORGANISATIONEN

1. KLARE AUSRICHTUNG
2. GUT GENUTZTE POTENZIALE
3. VERTEILTE VERANTWORTLICHKEITEN
4. INDIVIDUELLE EFFEKTIVITÄT
5. EFFEKTIVITÄT ALS TEAM
6. ANPASSUNGSFÄHIGKEIT
7. FEEDBACK- & KONFLIKTKOMPETENZ

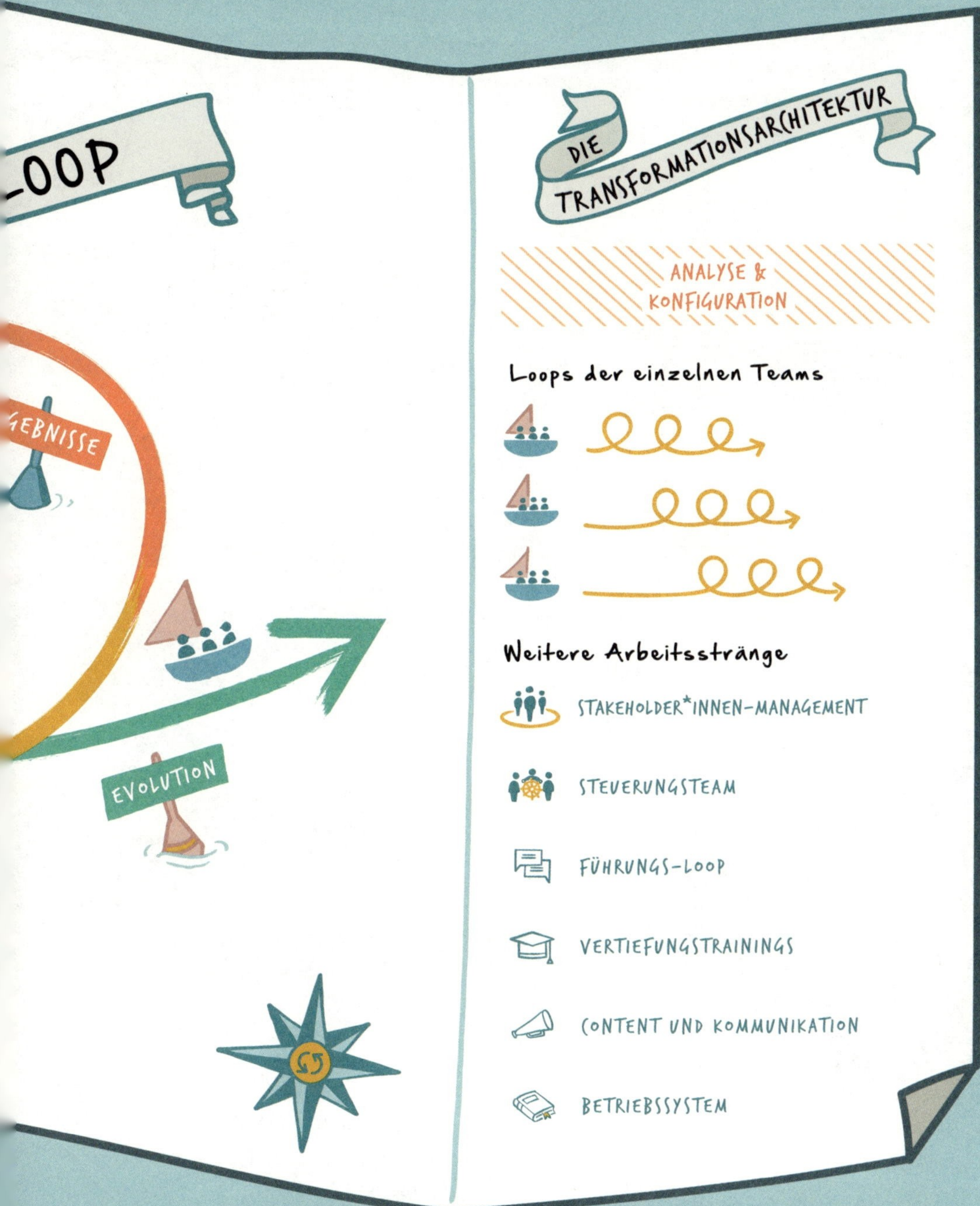

-OOP
GEBNISSE
EVOLUTION
DIE TRANSFORMATIONSARCHITEKTUR
ANALYSE & KONFIGURATION
Loops der einzelnen Teams
Weitere Arbeitsstränge
STAKEHOLDER*INNEN-MANAGEMENT
STEUERUNGSTEAM
FÜHRUNGS-LOOP
VERTIEFUNGSTRAININGS
CONTENT UND KOMMUNIKATION
BETRIEBSSYSTEM

DIE FALLSTUDIEN

Der *Loop-Approach* hat sich verselbstständigt: In einem Klinikum in Süddeutschland wurde unter Zuhilfenahme des *Loop-Approach* die erste selbstorganisierte chirurgische Station Deutschlands eröffnet.[19]

Die Initiative »Schule im Aufbruch« setzt sich mit Elementen aus dem Loop dafür ein, den Wandel in Schulen von innen heraus voran zu bringen und vor allem diejenigen zu stärken, die Veränderungen im Bildungssystem umsetzen.

Auch die öffentliche Hand hat sich auf den Weg begeben: Das Österreichische Bundesministerium für Klimaschutz in Wien und das Deutsche Bundesministerium der Finanzen in Berlin entwickeln die interne Zusammenarbeit mithilfe des Loop-Approach weiter.

Auch über den DACH-Raum hinaus findet Loop statt: Inzwischen haben Teams in Asien, Afrika und Nordamerika sowie in vielen Ländern Europas »geloopt«.

Das ist ziemlich verrückt.

In diesem Teil stellen wir drei Fallstudien aus Unternehmen vor, die erfolgreich mit dem *Loop-Approach* arbeiten. In den Fallstudien zeigen wir, was passiert, wenn der Ansatz auf die spezifischen Herausforderungen und die jeweils eigene Kultur der Unternehmen trifft. Und wir teilen, welche Anpassungen und Vorgehensweisen den Unternehmen dabei geholfen haben, alles aus dem *Loop-Approach* herauszuholen.

19 Das Projekt wurde und wird von den zwei Loop Fellows Prof. Dr. Friedrich Hubertus Schmitz-Winnenthal (Chefarzt am Klinikum) und Nadja Nardini (freie Beraterin) initiiert und unter anderem mit Unterstützung von Loop-Ausbilder Felix Herter vorangetrieben.

Das sind die drei Fallstudien:

1. Das mittelständische IT-Unternehmen Sievers-Group nutzte den *Loop-Approach* im Rahmen eines breiten Transformationsprozesses. Ziel dabei war, die Ausrichtung des Unternehmens an die neuen Anforderungen der Kund*innen anzupassen.
2. Der Pharmakonzern Roche arbeitete mit Loop, um seine Produktivität zu steigern, ohne dabei die menschenzentrierte Arbeitskultur zu gefährden. Dabei stellte sich unter anderem die Frage, wie agiles Arbeiten und die streng regulierten pharmazeutischen Prozesse zusammengehen können.
3. Die Deutschen Telekom hat eine eigene Loop-Lernreise entwickelt. Dabei ging es auch um die Frage, wie sich der Loop skalieren lässt und welche Faktoren Transformation in einem so großen Konzern möglich machen können.

Keine Transformation gleicht der anderen. Wir hoffen, dass dir diese Projektbeispiele eine Inspirationsquelle für deine individuelle Transformationsreise mit dem *Loop-Approach* sein können.

Ein großes Dankeschön geht an all die Menschen in den genannten Unternehmen, die bereit waren, ihre Erfahrungen zu teilen und so an diesem Buch mitzuwirken. Besonders danken möchten wir Dr. Wilma Lau, Katja Vogt und Udo Wenker für die tatkräftige und ausdauernde Unterstützung.

Ein weiteres großes Dankeschön gilt Nicola Bzowy und Martin Wiens, die aus all den Interviews und Dokumenten die Fallstudien so aufbereitet, strukturiert und geschrieben haben, wie sie nun im Buch zu finden sind.

SIEVERS
INFORMATION
SOLUTIONS

Silos aufbrechen: die innere Struktur an die Anforderungen der Umgebung anpassen

Ausgangssituation: Die Organisation braucht ein Update

Das Unternehmen Sievers-Group wurde 1989 gegründet. Es unterstützt Unternehmen darin, IT-Architekturen zu entwickeln und zu betreiben. Dazu gehören oft die Fragen, mit welcher Hard- und Software gearbeitet wird und wo die Daten liegen.

In der Gründungszeit stand die Informationstechnologie noch am Anfang, die Komplexität von Projekten war überschaubar: Jede*r Kund*in wurde durch genau eine*n Mitarbeiter*in beraten. Die Projekte hatten eine begrenzte Laufzeit und ganz klar definierte Ergebnisse (z.B. eine neue Serverlösung). Erst Jahre nach einem abgeschlossenen Projekt kam es zu einem möglichen Folgeprojekt, zwischen den beiden Kaufzyklen bestand nur eine lose Verbindung zwischen dem Kundenunternehmen und Sievers. Dazu passte die interne Organisation von Sievers. Das Unternehmen war aufgeteilt in unterschiedliche Bereiche, die relativ autark arbeiteten und von den Kunden als nahezu separate Unternehmen mit jeweils eigenständigem Produktportfolio wahrgenommen wurden.

Im Zuge immer komplexer werdender IT-Architekturen haben sich die Bedürfnisse der Kunden verändert. Plattformen und Cloud-Technologien spielen inzwischen eine zentrale Rolle, die Anforderungen und Möglichkeiten ändern sich rasant. Die Kunden brauchen keine kurzen, abgeschlossenen Projekte mehr, sie gehen stattdessen eine langfristige Verbindung mit Sievers ein. Sie erwarten, dass die IT-Infrastruktur einerseits dauerhaft

BRANCHE:	IT/SOFTWARE
STANDORT:	OSNABRÜCK
MITARBEITER*INNEN GESAMT:	>300
MITARBEITER*INNEN IM PROJEKT:	130
KERN-PROJEKTZEITRAUM:	11 MONATE, INTERN FORTGESETZT
WOHER KAM DER IMPULS ZUR VERÄNDERUNG:	UNTERNEHMENSLEITUNG
WAS MACHT DIESEN FALL BESONDERS:	INHABERGEFÜHRTE ORGANISATION, VERBINDUNG VON ACHTSAMKEIT & LOOP, LOOP INMITTEN EINER LAUFENDEN REORGANISATION

funktioniert und sich zudem ständig an die Bedürfnisse der Organisation anpasst. Oder anders gesagt: Projekte enden nicht mehr.

Udo Wenker, Geschäftsführer der Sievers-Group, sagt dazu: »Früher hatten die Mitarbeitenden von Sievers beim Kunden den Status eines Arztes, der gerufen wurde und seine ›Medizin‹ verabreichte, dann aber wieder weg war. Das ist inzwischen nicht mehr so. Heute sind wir eher eine Art ›Trusted Advisor‹ und arbeiten partnerschaftlich zusammen. Die Komplexität in der IT-Welt nimmt zu und eine Person kann heute nicht mehr alle Themen überblicken, daher benötigen wir die Gemeinschaft, um den Kunden optimal zu beraten und anschließend die beste Lösung umzusetzen. Das liegt daran, dass sich die IT-Technologie grundsätzlich verändert hat: Mittlerweile geht es um iterative, kleinere, schnellere Anpassungen, nicht mehr um die große Revolution alle fünf Jahre. Genau das wollten wir auch für unsere interne Organisation.«

Zusammenfassen lässt sich die Ausgangssituation für Sievers so: Das Innen und das Außen der Organisation hatten sich auseinander entwickelt. Während die Umwelt übergreifende, integrierte Lösungen erforderte, war die interne Zusammenarbeit in großen Teilen noch darauf optimiert, gut überschaubare, abgeschlossene IT-Projekte durchzuführen.

WAS SICH VERÄNDERN MUSSTE

Bereits im Jahr 2014 hat sich die Geschäftsleitung der Sievers-Group entschieden, einen Transformationsprozess anzustoßen. In abteilungsübergreifenden Arbeitsgruppen entwickelten die Mitarbeiter*innen eine Zukunftsvision und stießen erste Maßnahmen an, um die Zusammenarbeit zu verbessern. Die Initiative lief unter dem Slogan »Move.IT«. Im Prozess wurde sehr sichtbar, dass das neue Unternehmensleitbild und die sich daraus ergebende Strategie nicht mehr zu den alten Strukturen passte. Die Sievers-Group wollte von Kund*innen als Einheit wahrgenommen werden. Anstatt Einzellösungen für punktuelle Probleme anzubieten, sollten fortan drei ineinandergreifende Angebote bestehen: Beratung, Lösung und Betrieb. Dem entgegen stand die Aufteilung des Unternehmens in mehrere eigenständige Divisionen, die bis dahin wenig miteinander zu tun hatten:

- Division Information Communication Technology (ICT), die vor allem Server lieferte, Firewalls und Betriebssysteme installierte.
- Division Communication Solutions (CS), die insbesondere IP Telefonie, Alarmsysteme und Call Center installierte.
- Division Managed Services (MS), die für den Betrieb von IT-Systemen zuständig war und beispielsweise Server und Betriebssysteme wartete und auf dem neuesten Stand hielt.
- Division Business Solution (BS), die kaufmännische Softwarelösungen liefert und betreibt.

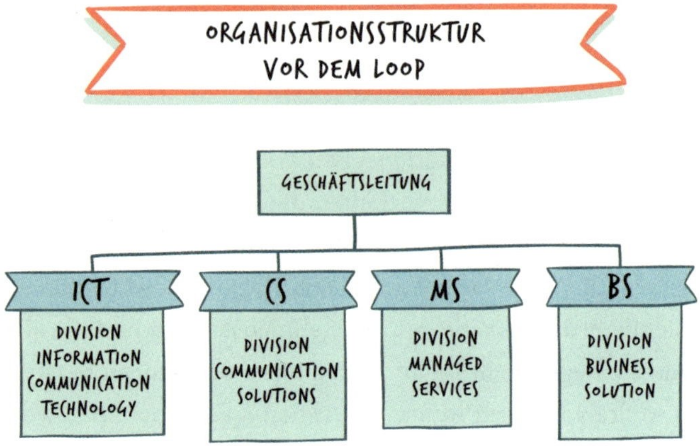
ORGANISATIONSSTRUKTUR VOR DEM LOOP
GESCHÄFTSLEITUNG
ICT
DIVISION INFORMATION COMMUNICATION TECHNOLOGY
CS
DIVISION COMMUNICATION SOLUTIONS
MS
DIVISION MANAGED SERVICES
BS
DIVISION BUSINESS SOLUTION

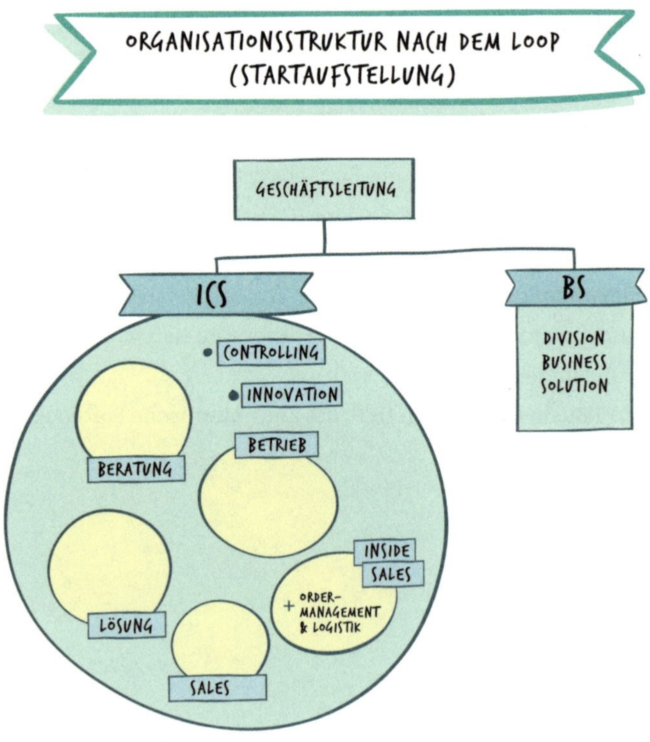
ORGANISATIONSSTRUKTUR NACH DEM LOOP (STARTAUFSTELLUNG)
GESCHÄFTSLEITUNG
ICS
CONTROLLING
INNOVATION
BERATUNG
BETRIEB
LÖSUNG
INSIDE SALES
+ ORDER-MANAGEMENT & LOGISTIK
SALES
BS
DIVISION BUSINESS SOLUTION

Drei der vier Divisionen arbeiteten mehr oder weniger nebeneinander her. Ein Beispiel: Jeder der drei Divisionen hatte ein separates Vertriebs-Team. Diese Teams hatten zwar sehr ähnliche Zielsetzungen, gingen aber ganz unterschiedlich vor. Ein Austausch darüber, was für die Vertriebs-Teams gut funktionierte und was nicht, fand nicht statt. Eine Zusammenarbeit über die Divisionsgrenzen hinweg erst recht nicht. »Wir haben damals in Königreichen gedacht«, sagt Udo Wenker.

Udo Wenker und das Führungsteam beschlossen, die drei kleineren Divisionen zu einer zusammengehörigen größeren Division mit 130 Mitarbeitenden zusammenzuführen und dabei unter anderem die Vertriebsprozesse zu vereinheitlichen und neu zu strukturieren. Dabei sollten die großen Fragen der Zusammenarbeit gestellt werden:

- Wie wollen wir künftig Entscheidungen treffen?
- Wie viel Standardisierung ist nützlich, ab wann wird es bürokratisch, langsam und demotivierend?
- Welche Prinzipien sollten für alle Teams gleich sein? Und: Wie sieht das künftige organisationale Betriebssystem der Sievers-Group aus?

DAS FRAMEWORK: EIN RAHMEN, UM DEN EIGENEN WEG ZU FINDEN

Es brauchte ein Gerüst, das der Organisation bei der Suche nach Antworten auf diese Fragen eine Struktur gibt. Udo Wenker und seine Kolleg*innen aus dem Leitungsteam entschieden sich, dafür den *Loop-Approach* zu nutzen. Das waren die ausschlaggebenden Punkte:

- Die Sievers-Group wollte ihren Weg selbst finden. Das organisationale Framework Holacracy erschien zu geschlossen und zu streng. Es fühlte sich nicht richtig an, die Organisation nach strengen Vorgaben und einem feststehenden Regelwerk umzubauen. Stattdessen brauchte es einen co-kreativen Ansatz, der die Möglichkeit gibt, den Weg in die Selbstorganisation in kleinen Schritten, im eigenen Tempo zu gehen.

- Eine Veränderung der Organisationsstruktur funktioniert nicht ohne gleichzeitige innere Arbeit bei den Akteur*innen. Die Sievers-Group wollte organisationale Effektivität mit Achtsamkeit und innerer Arbeit verbinden. Diese Klarheit entstand bei einem mehrtägigen Achtsamkeitstraining für Führungskräfte, an dem Udo Wenker mit drei Kolleg*innen teilnahm. Cornelius Schaub, der das Projekt als externer Berater begleitete, sagt: »Diese Gleichzeitigkeit von innerer und äußerer Arbeit empfinde ich als sehr besonders und als einen der Erfolgsfaktoren für dieses Projekt.« Sandra Dietrich, damals bei Sievers für Marketing & Sales zuständig, erinnert sich: »Während des Trainings hatten wir den Aha-Moment, dass wir am Ende alle das Gleiche wollen. Wir haben nur unterschiedliche Strategien, um dorthin zu kommen. Ich muss nicht jede Strategie gut finden, aber das Ziel ist ein gemeinsames. Das war für uns alle der Moment und das Momentum für die weitere Veränderung.«

An der Kick-off-Veranstaltung am Firmensitz in Osnabrück nahmen insgesamt vierzig Sievers-Mitarbeitende über alle Hierarchieebenen hinweg teil – vom kaufmännischen Angestellten bis zur Divisionsleiterin. Nach einer kurzen Vorstellung der Loop-Vorgehensweise teilten sich die Teilnehmenden in drei Gruppen auf und entwickelten je ein Zukunftsbild für die Strukturierung der neuen Division. Spannend war, dass die Bilder der einzelnen Gruppen am Ende nahezu gleich aussahen: Sie zeigten die Aufteilung in funktionale Teams, die sich aus den unterschiedlichen Geschäftsbereichen der neuen Division ergaben: Beratung, Lösung & Betrieb und Sales. Damit war eine Startaufstellung der zukünftigen Teams gefunden und gleichzeitig die Kernbotschaft transportiert: »Wir bauen unsere Transformationsreise selbst!«

DAS STEUERUNGSTEAM: DEN GANZEN PROZESS IM BLICK

Zu diesem Zeitpunkt stand lediglich fest, dass die neue Division von einer Doppelspitze geführt werden sollte, nämlich von Sandra Heimann, vormals Leiterin der Division Communication Solutions, und Robin Kuhrt, bis dato Ressortleiter Customer Relations. Bevor die eigentliche Loop-Reise beginnen konnte, brauchte es noch ein Steuerungsteam, um den gesamten Transformationsprozess im Blick zu behalten und adaptiv an das anzupassen, was die einzelnen Teams gerade brauchen. Das Steuerungsteam übernahm zunächst die Terminplanung der Loop-Workshops und teilte die Loop-Coaches den Workshops zu. Zudem trug das Team das Feedback aus den Loops zusammen und diskutierte, ob es Anpassungen im Prozess braucht. Im Steuerungsteam wurde frühzeitig entschieden, dass mit jeder bisherigen Führungskraft Einzelgespräche geführt werden. Außerdem wurden Vertiefungstrainings wie das Facilitation-Training und das Train-the-Trainer-

Programm aufgesetzt. Neben Robin Kuhrt, Sandra Heimann und Udo Wenker waren vier weitere Sievers-Mitarbeitende im Steuerungsteam sowie Cornelius Schaub als externer Loop-Berater.

Auch das Steuerungsteam selbst arbeitete entlang der Prinzipien aus dem Loop-Approach. Der Purpose des Teams lautete: »Wir schaffen optimale Bedingungen für die Loop-Reise und begleiten den Gesamtprozess unterstützend.« Rollen, die geschaffen und besetzt wurden, waren zum Beispiel die Rollen Transparenzmeister*in, Feedback-Guru und Budget-Wächter*in.

Das Steuerungsteam entschied zudem, dass vor allen anderen Teams der Lead-Kreis mit den Loop-Modulen starten sollte, um die Transformation im weiteren Verlauf top-down methodensicher und gut ausgerichtet begleiten zu können.

ROLLE	PURPOSE	VERANTWORTLICHKEITEN
PROJEKTLEITER*IN	Reibungsloser Ablauf vom Projekt	• Zeit- und Projektplanung (Termine, Loops, Infoslots) • Steuerungsmeetings terminieren und einladen • Koordination mit TheDive PL
FEEDBACK-GURU	Kennt das Feedback zum Loop Prozess	• Feedback einholen und sammeln • Feedback werten • Feedback zu den Steuerungsmeetings mitbringen
TRANSPARENZ-MEISTER*IN	Loop-Prozess transparent halten	• Prozess dokumentieren • Q&A zentralisieren • Gemeinsame Plattform aufsetzen und zur Verfügung stellen
MODERATOR*IN	Steuerungsmeetings moderieren	• Steuerungsmeetings + Calls moderieren • Einfordern von Reflexionen zu Zielbild und Tag/Call
AMBASSADOR	Kommunikation über den Loop Prozess	• Informationsfluss gestalten • Kommunikation an alle Mitarbeiter*innen
KOMMUNIKATOR*IN GESELLSCHAFTER*INNEN	Unsere Gesellschafter*innen sind ausreichend informiert	• Kommunikation an die Gesellschafter*innen
BUDGET-WÄCHTER*IN	Wir halten das Budget ein	• Budget überwachen und einhalten • Steuerungsteam über Budget informieren
ANSTUPSER*IN	Wir hinterfragen unser Tun	• Immer wieder Impulse setzen

FÜHRUNGSKRÄFTE-ÜBERSCHUSS: BILDUNG EINES LEAD-KREISES

Zur Erinnerung: Die Sievers-Group wollte drei Divisionen zu einer vereinen. Dementsprechend gab es auch einen enormen Überschuss an Führungskräften: Jede einzelne Division hatte vorher eine*n Divisionsleiter*in, darunter mehrere Ressortleiter*innen und Teamleitungen. Insgesamt ergab sich daraus eine Zahl von 22 Führungskräften, viel zu viele also, um als Team Ergebnisse zu erzielen. Die Richtgröße für handlungsfähige Teams liegt bei sechs bis maximal zwölf Personen.

Die große Herausforderung war also, aus 22 Führungskräften einen handlungsfähigen Lead-Kreis zu bilden. Wie kann das aussehen?

Das Steuerungsteam beschloss, mit allen 22 Führungskräften in das erste Loop-Modul – Klarheit – zu starten. Die Idee war, diese ersten beiden Workshop-Tage zu nutzen, um gemeinsam den Daseinszweck der neuen Division herauszuarbeiten und daraus die Rollen abzuleiten, die es im oberen Lead-Kreis braucht. All das sollte zunächst personenunabhängig geschehen, um hinterher kompetenzbasiert zu schauen, wer welche Rollen übernimmt.

Am Ende des zweiten Workshop-Tages war der vorläufige Purpose des Lead-Kreises formuliert: »Wir vernetzen unsere Umwelt (Kund*innen, Mitarbeitende und Partner*innen) für eine langfristige, zielorientierte und erfolgreiche Beziehung.« Auch die Rollen, die zur Erfüllung dieses Daseinszwecks benötigt wurden, standen fest. Insgesamt waren es neun Rollen, die in der folgenden Abbildung zu sehen sind.

Außer der Lead-Rolle, die mit Sandra Heimann und Robin Kuhrt besetzt wurde, war noch völlig offen, wer die übrigen Rollen übernehmen würde. Um sie zu besetzen, wurde zu Bewerbungen aufgerufen. Zuständig für die Besetzung der Rollen waren Sandra Heimann und Robin Kuhrt, die viele Gespräche mit interessierten Personen und Bewerber*innen führten. Bei der Auswahl ging es ihnen vor allem um die Stärken, die Kompetenz und den Willen. Für jüngere und unerfahrenere Mitarbeitende stellten sie Förderungen und Trainings in Aussicht.

Das Ergebnis: Von den 22 ehemaligen Führungskräften übernahmen zehn Personen Rollen im Lead-Kreis. Neu hinzu kamen zwei relativ junge Mitarbeiter, beide Mitte-Ende 20, die zuvor noch keine Führungsposition bekleidet hatten, aber am besten für die jeweiligen Rollen geeignet schienen. Einer dieser beiden Mitarbeiter ist Christian Eikens, der die Sales-Lead-Rolle übernommen hat. Er erinnert sich: »Mit großer Euphorie habe ich die Lead-Rolle in einem Kreis mit 10 Mitgliedern übernommen. Durch den Loop konnten wir innerhalb des Teams die Verantwortungen in Rollen legen und dadurch die Führungsarbeit untereinander aufteilen. Jede Rolle kennt heute ihren Beitrag für den Kreis und die gesamte Organisation. Während früher

ROLLE	PURPOSE
LEAD	Der Kreis folgt seinem Purpose und ist effektiv und glücklich
PRODUKT-STRATEG*IN PORTFOLIO-MANAGER	Wir haben ein "morgen-attraktives" Lösungsportfolio. Unsere Kunden nehmen uns als ein Unternehmen wahr.
CONTROLLER	Wir haben einen Überblick über die aktuellen Bis-KPI's und stellen sie transparent zur Verfügung
MEETING-GURU	Unsere Meetings sind geplant, strukturiert und dokumentiert
BOTSCHAFTER*IN	Wir haben eine gute Kommunikation/ Austausch zu/mit anderen Bereichen
AUS- UND WEITER-BILDUNGSBEAUFTRAGTE*R	Wir haben ausreichend und passend qualifizierte Mitarbeiter
LOOP-ONBOARDING-NINJA	Neue Mitarbeiter sind mit der Loop-Methodik vertraut
FEELGOOD-MANAGER	Unsere Mitarbeiter sind hochmotiviert und zufrieden. Sie haben alles, was sie brauchen, um im Einklang mit dem Zukunftsbild der SG zu sein.
STANDORT-BESTIMMER*IN	Jeder Mitarbeiter kennt seinen Beitrag zur Wertschöpfung (Feedbackprozesse)

Entscheidungen immer bei der Führungskraft lagen, können die Mitarbeitenden bei uns eigenständig aus ihren Rollen heraus Entscheidungen treffen. Dadurch sind wir schneller als früher und haben eine hohe Mitarbeitermotivation.«

Das klingt alles reibungslos und einfach. Zur Wahrheit gehört aber, dass es auch knallte. Nicht alle ehemaligen Führungskräfte wollten den neuen Weg mitgehen, sechs von ihnen verließen in den ersten Monaten des Prozesses das Unternehmen.

»Es gibt Ex-Kolleg*innen, die einen Titel in der Signatur abgeben mussten. Darüber war nicht jede*r glücklich«, erzählt Sandra Heimann rückblickend. Ganz anders war es bei Thorsten Schweer, der vor der Transformation der Divisionsleiter in der Division Communication Solutions war. »Für mich war die Transformation der Beginn eines neuen Abschnittes im meinem beruflichen Leben. Ich habe gemerkt, dass es mich deutlich mehr erfüllt, in operativen Stärken zu arbeiten und direkt Mehrwerte für Kunden zu generieren. Parallel war auch der Ansatz des eigenverantwortlichen Arbeitens und Handelns ein wichtiger Aspekt. Für mich war sofort klar, dass ich für mich selber entscheiden und handeln kann, aber ich habe auch allen anderen die Möglichkeiten gegeben dieses zu tun, in dem ich die Rolle des ›Entscheider für andere‹ bewusst abgegeben habe. Heute sehe ich mich eher in der Rolle des Beraters. Sowohl für unsere Kunden wie auch für meine Kolleginnen und Kollegen. Die Kunden berate ich hinsichtlich ihres Business. Meine Kolleginnen und Kollegen versuche ich zu bestärken, Verantwortung für ihr Handeln zu übernehmen und bin immer gerne ansprechbar, wenn mein Rat gefragt ist.«

Der Prototyp eines Lead-Kreises stand also. Schon während dieser das zweite Loop-Modul – Ergebnisse – durchlief, starteten die nächsten zwei Teams, beide aus dem Vertrieb, mit dem ersten Modul. Innerhalb eines halben Jahres absolvierten insgesamt zwölf Teams, vom Projektmanagement-Team bis zum Logistikteam, ihre Loop-Reise.

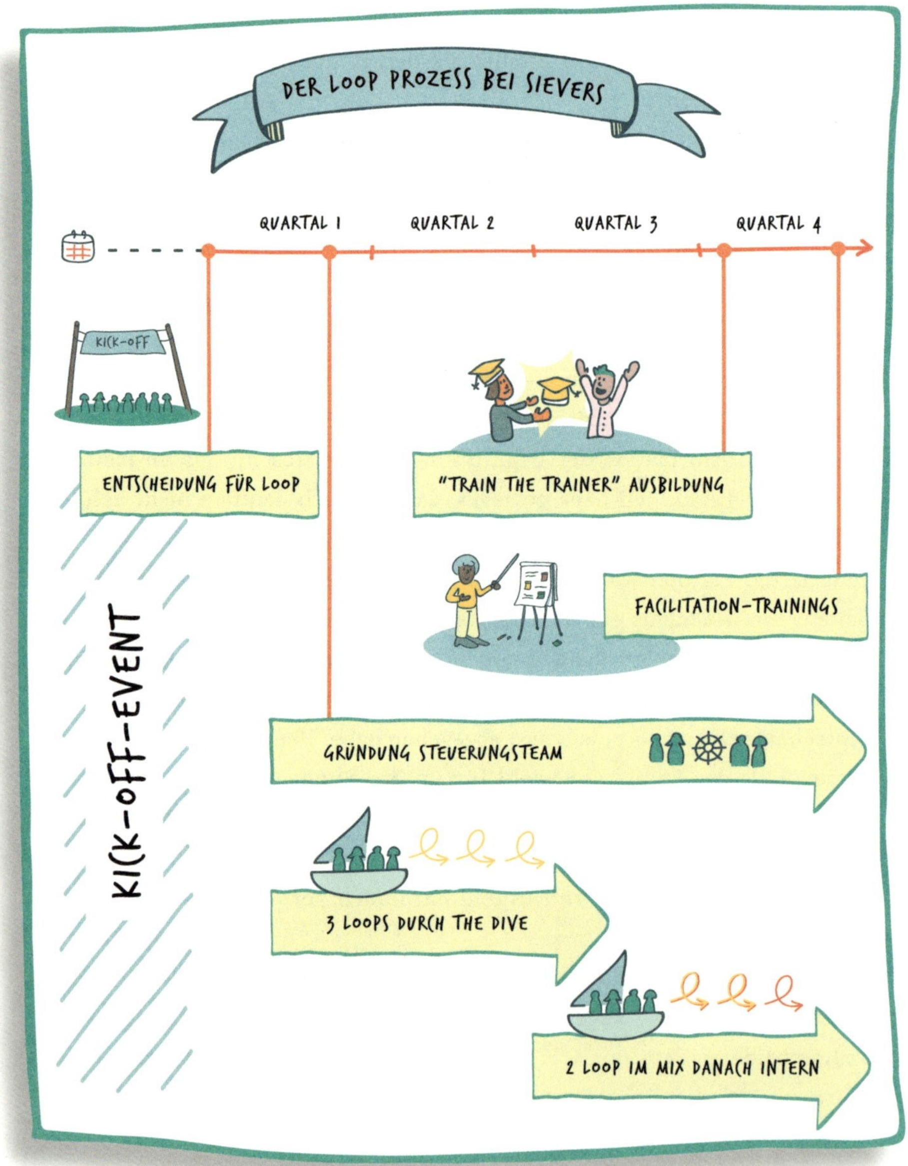

DER LOOP PROZESS BEI SIEVERS
QUARTAL 1
QUARTAL 2
QUARTAL 3
QUARTAL 4
KICK-OFF
ENTSCHEIDUNG FÜR LOOP
"TRAIN THE TRAINER" AUSBILDUNG
FACILITATION-TRAININGS
KICK-OFF-EVENT
GRÜNDUNG STEUERUNGSTEAM
3 LOOPS DURCH THE DIVE
2 LOOP IM MIX DANACH INTERN

Selbstbefähigung: Ein internes Loop-Begleiter*innen-Programm

Bereits wenige Wochen nach dem Projektstart ließen sich acht Sievers-Mitarbeiter*innen in einem dreitägigen Train-the-Trainer-Kurs in Berlin zu internen Loop-Begleiter*innen ausbilden[20]. Unter den Teilnehmenden waren mehrere Führungskräfte inklusive des Geschäftsführers Udo Wenker.

Im Verlauf des Train-the-Trainer-Kurses merkten die Teilnehmenden, dass sie es sich nicht zutrauen, gleich einen kompletten Loop zu moderieren. Außerdem hatte jede*r seine*ihre Lieblingsthemen: Ein paar Teilnehmer*innen hatten beispielsweise selbst gute Erfahrungen mit dem Purpose-Turnier gemacht und konnten es daher auch sicher in Gruppen durchführen. Andere fühlten sich mit den Meeting-Formaten für den operativen Raum und den Steuerungsraum besonders wohl. Wieder andere wollten Expert*innen für Gewaltfreie Kommunikation werden. Aus diesem Grund einigte sich das Team aus angehenden Begleiter*innen schon während der Ausbildungstage darauf, dass sich jede*r auf einzelne Module spezialisiert.

20 Zum Zeitpunkt der Sievers-Transformation gab es die 10,5-tägige Loop-Fellow-Ausbildung noch nicht, die das dreitägige Train-the-Trainer-Modul beinhaltet und inzwischen standardmäßig genutzt wird, um interne Mitarbeitende für die Transformationsaufgaben zu befähigen.

Während die ersten drei Teams auf ihrer Loop-Reise noch von jeweils zwei externen Loop-Coaches begleitet wurden, übernahm bei den Loops des vierten und fünften Teams bereits ein*e Sievers-Mitarbeiter*in die Co-Moderation. Ab dem sechsten Team wurden die Workshops dann vollständig von Sievers-Begleiter*innen geleitet.

Da steht die Sievers-Group heute

Klar ist: Der Transformationsprozess der Sievers-Group ist noch lange nicht abgeschlossen und wird es wohl auch nie sein. Udo Wenker sagt dazu: »Die Unternehmenswelt und der Markt haben sich verändert und tun dies auch weiterhin. Daraus entsteht die Notwendigkeit für Unternehmen, sich diesem Wandel anzupassen. Das Leben entwickelt sich weiter, sonst müsste man sich einfrieren.«

Diesen niemals endenden Prozess sieht auch Robin Kuhrt. Über seine Erfahrung mit der Lead-Rolle sagt er: »Führung braucht es nach wie vor. Man darf nicht erwarten, von einem Tag auf den nächsten den Wechsel von einer hierarchisch strukturierten Organisation zu einem komplett eigenverantwortlichen, selbstgeführten System zu vollziehen. Das ist ein Prozess.«

Der vielleicht wichtigste Unterschied zu früher ist, dass die Teams nun ein Organisations-System haben, das ihnen die Möglichkeit gibt, auf sich auftuende Lücken zu reagieren: beispielsweise über das Einführen neuer Rollen.

Die Leads versuchen also zunehmend darauf hinzuwirken, dass die Mitarbeitenden aktiv Rollen schaffen und von der Erwartungshaltung wegkommen, darum müsse sich die Führungskraft kümmern. »Das ist ein ganz klassischer Punkt, wo Verantwortung abgegeben wird,« sagt Robin Kuhrt.

Wie sich die Verantwortungs-Cluster durch das Arbeiten mit Rollen verändert haben, lässt sich gut am Beispiel von Sandra Heimann zeigen. Sie sagt zu ihrer neuen Lead-Rolle: »Da gibt's ein paar Sachen, die mir richtig Spaß machen, zum Beispiel die Strategiearbeit: mit visionärem Blick zu schauen, wo wir in fünf Jahren sein wollen. Aber es gibt auch Aufgaben, die wir früher als Führungskräfte hatten, die mir nicht unbedingt liegen, etwa die Spesenabrechnung. Das hat früher immer die Führungskraft gemacht und da gab es auch nichts dran zu rütteln.«

Durch das rollenbasierte Arbeiten konnte sie sagen: »Ich gebe das aus der Lead-Rolle ab und wir schaffen dafür eine neue Rolle und es wird sich jemand finden, dem das Spaß macht.« So war es dann auch: Heute gibt es die Rolle des Reisekosten-Spezialisten, die sich um Abrechnungen kümmert. Sandra Heimann hat stattdessen die Rolle der Feelgood-Managerin übernommen. Sie hat deshalb nicht das Gefühl, dass sie Führungsverantwortung abgeben musste, sondern kann sich jetzt auf das konzentrieren, was ihr Spaß macht und worin sie gut ist. Darin sehen sowohl Robin Kuhrt als auch Sandra Heimann eines der Highlights des rollenbasierten Arbeitens: Es gibt fast immer jemanden, der einen in seinen Fähigkeiten ergänzt.

Die Fallstudie auf einen Blick

- Ausgangspunkt der Transformation war die Erkenntnis, dass die Struktur innerhalb der Organisation nicht mit den äußeren Anforderungen an das Unternehmen mitgewachsen war
- Die Sievers-Group wollte einen eigenen Weg für die Transformation finden und brauchte ein flexibles, modulares Framework, das sowohl die Arbeit an der Struktur als auch die innere Arbeit der Individuen in den Blick nimmt
- Wichtige Treiber der Transformation waren die Bereitschaft der Geschäftsführung, den Wandel anzugehen und der Start im Führungskreis: 22 Führungskräfte starteten ins erste Loop-Modul
- Die frühe Ausbildung und Einbindung von internen Veränderungstreiber*innen sorgte dafür, dass wenig externe Begleitung nötig war, um das Wissen breit in die Organisation zu tragen

ROCHE
WORK
OF SELFORGANI
TEAMS
KULTUR
FIRE
PTDE
1 HOUR LEARNING
LIGHTHOUSE
SMART
LOOP
POT
PEOPLE
PERFORMAN
MANAGEMENT
LEADERSHIP
LEAN&L
NETWORK STRUCTURE

Vier Jahre Transformation: Der Pharma-Riese Roche auf dem Weg zur Teal-Organisation

AUSGANGSSITUATION: WIE GEHEN QUALITÄTSSICHERUNG UND »SAFE ENOUGH TO TRY« ZUSAMMEN?

Wie passen Agilität, das Denken in Prototypen und Selbstorganisation zu einem über hundert Jahre alten, weltweit agierenden Pharmakonzern, dessen Produkte strengen Regeln und Gesetzen unterliegen? Der Konzern beschäftigt mehr als 100000 Mitarbeiter*innen und ist aufgeteilt in zwei Divisionen: Roche Pharma und Roche Diagnostics. Bill Anderson, CEO von Roche Pharma, sagt: »Was wir bei Roche versuchen, ist, ein altes, traditionsreiches Unternehmen mit stolzer Firmengeschichte in eine Teal-Organisation umzuwandeln.«

ROCHE PTDE

BRANCHE:	PHARMAZIE
STANDORT:	BASEL, PENZBERG
MITARBEITER*INNEN IM BEREICH:	800
MITARBEITER*INNEN IM PROJEKT:	800
KERN-PROJEKTZEITRAUM:	3,5 JAHRE, LAUFEND
WOHER KAM DER IMPULS ZUR VERÄNDERUNG:	BEREICHSLEITUNG
WAS MACHT DIESEN FALL BESONDERS:	BEREICH IM KONZERN; SPANNNUNGSFELD AGILITÄT UND STABILITÄT; SKALIERBARKEIT; FAMILIÄRE KULTUR MIT GFK UND FREUDE

Eine solche Transformation ist in jedem Fall eine Jahrzehnt-Aufgabe. Und sie kann nur funktionieren, wenn sie dezentral abläuft, also von vielen kleineren Multiplikatoren und Knotenpunkten ausgeht und nach und nach überschwappt.

Ein Knotenpunkt ist der Bereich Pharma Technical Development Europe Biologics (PTDE). Vereinfacht gesagt bildet dieser Bereich das Bindeglied zwischen der Pharma-Forschung und -Produktion. Er ist dafür zuständig, den Prozess zu entwickeln, wie ein neuer Wirkstoff hergestellt, stabilisiert, verpackt und verabreicht wird. Dabei geht es um Fragen wie: Mit welchem Prozess können wir das entsprechende Molekül mit reproduzierbarer Qualität herstellen? In welcher Lösung ist das Molekül stabil? Wie kann es verabreicht beziehungsweise verpackt werden, damit es für den Patienten einfach ist, den Wirkstoff zu applizieren?

An den beiden Standorten Penzberg und Basel arbeiten 800 Mitarbeitende bei PTDE. Eine von ihnen ist Sandra Wilhelm,[21] die Leiterin des Bereichs. Sie sagt: »Bereits heute stoßen wir mit unserer Arbeit an unsere Grenzen und sind teilweise erschöpft. Vielleicht machen wir Dinge, die keinen Sinn ergeben. Dadurch fehlt uns die Zeit für Innovationen und Technologien, die wir benötigen, um besser für die Zukunft gerüstet zu sein. Ich erlebe zum Beispiel, dass wir uns bei unserer Arbeit immer noch sehr auf unsere Funktionen fokussieren und deshalb die Stärken und Potenziale jedes*jeder Einzelnen nicht gut nutzen können. Außerdem sind wir bei der Entscheidungsfindung nicht schnell genug.«

21 | Bei allen Personennamen in der »Fallstudie Roche« handelt es sich um Pseudonyme.

MIT GUTEM BEISPIEL VORANGEHEN: DER ERSTE LOOP-TESTDURCHLAUF

Um das zu verändern, muss sich in den Köpfen aller Beteiligten etwas bewegen. Dafür schien ein zentralisierter, von oben gesteuerter Veränderungsprozess kontraproduktiv. Schließlich ging es nicht nur darum, das Organigramm umzubauen, sondern um einen tiefgreifenden Kulturwandel im Hinblick auf die zugrundeliegende Arbeitsweise und den Umgang miteinander. Dazu gehört auch eine neue Art von Führung. Joseph Meyer, im Leitungsteam zuständig für die organisationale Transformation und Strategie, führt aus: »Es ging uns um eine Führung, die weniger auf Planung und Aufgabenmanagement setzt und stärker auf Selbstverantwortung, gemeinsam getragene Entscheidungen und Vertrauen in die Stärken der Mitarbeitenden. Wir wollten außerdem raus aus dem Firefighting. Das konnten wir zwar gut, aber das war schmerzhaft. Wir waren überzeugt: Das können wir natürlicher angehen.« Das Leitungs-Team beschloss deshalb, den Loop-Approach zunächst an sich selbst auszuprobieren. Mit zwölf Führungskräften starteten sie also in einen ersten Loop-Testdurchlauf.

Dass der Loop-Approach nicht der einzige Baustein der Transformation sein würde, war zu dem Zeitpunkt bereits klar. Joseph Meyer sagt rückblickend: »Uns war klar, dass wir nicht ausschließlich den Loop machen würden, sondern dass unsere Journey unterschiedliche Bausteine umfasst, von denen Loop einer ist. Wir würden einen eigenen Weg finden, der zu uns passt.« Und wie ginge das besser, als alle zusammenzubringen, um den Veränderungsprozess gemeinsam anzupacken und zu gestalten?

BELEGSCHAFT FÜR DIE VISION GEWINNEN UND FOKUSTHEMEN IDENTIFIZIEREN

Gleichzeitig zum Führungs-Loop führte Sandra Wilhelm an den beiden Standorten Penzberg und Basel mehrere Visions-Meetups durch. Sie brachte dorthin einen vom Führungsteam entwickelten Visions-Prototypen mit, der einen ersten Rahmen mit vielen losen Enden darstellte. In den Meetups ergänzten und verdichteten die Teilnehmer*innen den Prototypen, bis eine neue Version stand: »Unser Herz schlägt für die Wissenschaft, um jedem Patienten jeden Tag in kürzerer Zeit bahnbrechende Therapien zu ermöglichen. Dafür stellen wir uns als Netzwerk-Organisation auf, die mit Fürsorge und Aufmerksamkeit von smarten Menschen gestaltet wird.«

In Fokusthemen übersetzt wurde der Visions-Prototyp auf dem dreitägigen PTDE-Camp am Bodensee. Daran nahmen 260 Teilnehmer*innen aus sämtlichen Hierarchieebenen teil. Neben Sessions zu Strategie und Kultur gab es einen Open Space ohne festgelegte Agenda, wo die Teilnehmenden ihre Anliegen, Interessen, Fragen und Ideen einbringen konnten. Jede Session wurde von zwei Mitgliedern des Leitungs-Teams als Sponsor*innen begleitet.

In den Sessions entstanden 39 mögliche Fokusthemen, die auf die Vision einzahlen würden. Koordiniert vom sogenannten CampFire-Team konnten die Beschäftigten vier Wochen lang über diese Vorschläge abstimmen. Für die Themen, die die meisten Stimmen erhielten, wurden Teams aus Freiwilligen geschaffen, die sich um die Umsetzung kümmerten:

1. Potenzial der Menschen: Wie können wir als Organisation zur Entfaltung des vollen Potenzials der Menschen beitragen?
2. One-Hour-Learning: Wie schaffen wir den Raum, dass jeder von uns mindestens eine Stunde pro Woche Zeit zum Lernen hat?
3. Smart Decision Making: Wie treffen wir schnell gute Entscheidungen mit den richtigen Menschen?
4. Framework for Self-Organisation: Welche Grundstrukturen können unseren Teams dabei helfen, ihre Form von Selbstorganisation zu finden?

Rückblickend sagt Sandra Wilhelm, das PTDE-Camp sei für sie der eigentliche Startschuss für die Transformationsreise gewesen: »Ich werde mich immer an die Energie und Motivation erinnern, die den ganzen Raum erfüllte, als die verschiedenen Teams zwei Tage lang an ihren Ideen zu unserer Vision gearbeitet haben.«

Team für Team: Von der ersten in die zweite Führungsebene

In der Zwischenzeit hatte das Leitungsteam alle drei Loop-Module durchlaufen. Joseph Meyer sagt über diese Erfahrung: »Spannungsbasiertes Arbeiten hat die Effizienz des Teams unerwartet gesteigert. Wir sind deutlich disziplinierter, haben aber unseren Spaß dabei. Uns hat geholfen, dass sich Loop-Elemente wie das Sync Meeting gut mit den uns vorher bekannten Lean-Vorgehensweisen koppeln ließen.« Aus dieser Erfahrung heraus entstand bei einigen Führungskräften der Wunsch, auch mit ihren eigenen Teams auf die Loop-Reise zu gehen. Damit war der Loop-Approach auf der zweiten Führungsebene angekommen.

Marie Zillweg, die damals neu ins Leitungsteam der 100-köpfigen Abteilung Pharmazeutische Entwicklung gekommen war, erinnert sich: »*Der Loop-Approach* hat uns als Team zusammengebracht. Der Unterschied zu vorangegangenen Teamentwicklungsmaßnahmen war, dass nicht in alten Wunden gebohrt wurde, sondern eher eine Vision entstand, wo wir hin wollten.

Doch der Weg dahin war holprig, wie sie rückblickend erzählt: »Das Arbeiten mit Spannungen hat sich anfangs merkwürdig angefühlt. Da musste im Kopf erst ein Schalter umgelegt werden, auch was das Denken in Rollen angeht. So haben wir für die Besetzung der ersten beiden Rollen zwei Monate gebraucht. Wir mussten erst einmal spüren, was für eine Kraft entsteht, wenn eine Person genau in der Rolle ist, in der sie sich entfalten kann. Nach diesem Aha-Moment ging es viel leichter und wir konnten alle übrigen Rollen innerhalb eines Monats besetzen.«

DIE TRANSFORMATIONSARCHITEKTUR: TEAMS UND ROLLEN ZUR BEGLEITUNG VON INNEN

Völlig klar war: Eine Transformation dieser Größenordnung muss verantwortungsvoll begleitet werden. Dafür braucht es Kapazität. Zur Unterstützung kam Frieda Grün zu PTDE. Sie hatte vorher bereits in der Pharma-Forschung bei Roche transformationale Projekte mitbegleitet. »In den ersten Monaten haben wir erst einmal ganz viel Wert auf Kommunikation gelegt. Wir wollten beantworten, warum wir diese Transformation machen und auch mit Ängsten aufräumen. Transformation ist ja leider oft ein Euphemismus für Personalabbau und eine von oben herab gesteuerte Reorganisation. Diese Ängste gab es natürlich auch bei PTDE und uns war wichtig, von Anfang an zu klären, dass wir das nicht machen werden«, sagt sie. Um Ängste abzufedern, nutzte das Leitungsteam die regelmäßig stattfindenden Townhalls, sprach verstärkt über die Ziele und Abläufe der Transformation und beantwortete Fragen in offenen Runden. Außerdem wurde eine umfassende Seite im Intranet aufgebaut, auf der die Mitarbeitenden alle Infos zum »Warum?«, »Wie?«, »Was?« und »Wer?« der Transformation nachlesen konnten. Die Seite wurde und wird bis heute von allen an der Transformation arbeitenden Teams gepflegt und fortlaufend mit den neuesten Informationen versehen.

Parallel dazu wurden ein Lighthouse-Team sowie ein Culture-Team gebildet, die den gesamten Prozess im Blick behalten und koordinieren sollten. Beide Teams bestehen auch heute noch und arbeiten weiterhin an der kontinuierlichen Transformation von PTDE.

Joseph Meyer aus dem Leitungs-Team übernahm die Rolle des »Journey Champion« im Leitungsteam und die des »Strategist« im Lighthouse-Team. Gemeinsam gestalteten Joseph Meyer und Frieda Grün den Auswahlprozess für die Besetzung des siebenköpfigen Lighthouse-Teams sowie des zwölfköpfigen Culture-Teams. Zunächst informierten sie die Belegschaft über die Gründung der beiden Teams und forderten Interessierte auf, sich mit einem

Motivationsschreiben zu bewerben. Es gingen deutlich mehr Bewerbungen ein, als Plätze zur Verfügung standen. Frieda Grün und Joseph Meyer war es wichtig, die Teams möglichst heterogen zusammenzustellen: Beide Standorte von PTDE sind gleich stark vertreten. Die Mitglieder kommen aus unterschiedlichen Hierarchieebenen und Abteilungen. Außer Frieda Grün, die ihre gesamte Arbeitszeit der PTDE-Journey widmet, teilen die anderen Mitglieder ihre Arbeitszeit auf, wobei mindestens zwanzig bis dreißig Prozent für die Aufgaben im Lighthouse-Team zur Verfügung stehen sollten.

Auch das Lighthouse-Team durchlief die Loop-Module. Der Purpose des Teams ist: »Das Lighthouse-Team fördert den Wandel von PTDE hin zu einer lernfähigen und fröhlichen Gemeinschaft, die neue Wege geht, um Patienten zu helfen. Wir koordinieren und lenken die Schritte unserer PTDE-Transformation, indem wir Pionierarbeit leisten, Menschen zusammenbringen und für volle Transparenz sorgen.«

FUNKTIONIERT SELBSTORGANISATION IM LABOR?

Zu jedem echten Transformationsprozess gehören auch Widerstände, so auch bei PTDE. Die Hauptsorge galt der Frage, inwiefern Agilität und Reproduzierbarkeit überhaupt vereinbar sind. Schließlich erfordert der Umgang mit Medikamenten besondere Sorgfalt, präzise Abläufe und lässt wenig Spielraum fürs Safe-enough-to-try-Denken. Oder anders formuliert: Ist der Loop-Approach überhaupt sinnvoll, wenn es etwa um rein funktionale Labor-Teams geht? Frieda Grün sagt dazu: »Es ist nicht unser Anspruch, dass alles von heute auf morgen agil werden muss. Für Schichten, die ein Produkt einem genauen Protokoll folgend herstellen und Regularien erfüllen müssen, ergibt es vielleicht keinen Sinn, agiles Arbeiten einzuführen. Dort ist Stabilität gewünscht. Im Innovationsbereich oder anderen Arbeitsbereichen braucht es aber Flexibilität.«

Es war daher eine Art Feldversuch, als das erste Labor-Team seine Loop-Reise antrat. Theresa Wunder ist eine der Labor-Mitarbeiterinnen, die damals mit ihren Kolleg*innen als erstes Nicht-Führungsteam die drei Loop-Workshops durchlief. Sie sagt rückblickend: »Laborarbeit und Agilität passen tatsächlich ziemlich gut zusammen. Wir beziehen Loop und die damit einhergehenden Arbeitsweisen weniger auf unsere Laborarbeit als auf unsere Teamzusammenarbeit, also wie wir unsere Meetings abhalten, welche Rollen wir im Team brauchen. Das hat uns sehr geholfen, Struktur ins Team zu bringen. Wir waren zu Beginn zwei Teams, die im Rahmen der strukturellen Reorganisation zu einer größeren Laboreinheit zusammengelegt wurden. Hinzu kamen Sprachbarrieren, weil viele Nationalitäten aufeinandertrafen. Wir wussten anfangs gar nicht, wie wir zusammenarbeiten wollen, wer welche Verantwortlichkeiten hat, und der Loop-Prozess hat uns geholfen, das Team aufzubauen.«

Virale Ausbreitung: So breitet sich der Loop-Approach in der Organisation aus

Mehr und mehr Beschäftigte bei PTDE erfuhren vom Loop-Approach und erkundigten sich bei jenen, die bereits geloopt hatten, nach deren persönlichen Erfahrungen. So wuchs die Neugier: Was hat es damit auf sich? Funktioniert das? Das wollen wir auch probieren!

Transformation in Zeiten der Pandemie

Im Frühjahr 2020 mussten aufgrund der Corona-Pandemie alle geplanten Workshops und Loop-Durchgänge in den digitalen Raum verlagert werden. Zunächst herrschte Skepsis, ob man den Kurs der Transformationsreise unter diesen Bedingungen würde halten können. Schließlich war die Wucht nicht zuletzt daraus entstanden, dass die Menschen zusammenkamen und ihre Ideen einbrachten – man denke an die Vision-Meetups, das PTDE-Camp mit 260 Teilnehmenden und die zahlreichen Workshops vor Ort.

Doch schnell stellte sich heraus, dass es kaum etwas gab, das nicht auch online umsetzbar war. Obwohl die Energie natürlich eine andere ist, wenn viele Menschen tatsächlich physisch in einem Raum zusammenkommen und etwa gemeinsam ein Power-Posing zur Aktivierung vor einem Workshop machen. Und trotzdem sagt Jones Kortz, der Lead-Trainer für die GFK-Implementierung: »Ich hab's nicht für möglich gehalten. Als Covid losging, dachte ich, dass wir alles, was vom Zwischenmenschlichen lebt, jetzt auf Eis legen müssen. Aber es hat geklappt. Der Schutz, den ein Computerbildschirm bietet, hat vielleicht sogar bestimmte Aspekte gefördert, die in Präsenz so nicht möglich gewesen wären. Ich war immer wieder überrascht, mit welcher Offenheit Menschen ihre Themen eingebracht haben. Teams haben zurückgemeldet, dass sie durch Covid auseinandergedriftet sind und die Workshops geholfen haben, wieder miteinander in Kontakt zu kommen.«

Immer mehr Teams meldeten Interesse an und bewarben sich um die Teilnahme an der Loop-Reise. Allmählich zeichnete sich ab, dass die Kapazitäten nicht ausreichen würden, um mit allen Teams das vollständige Loop-Programm zu absolvieren, obwohl es inzwischen bereits acht interne ausgebildete Loop-Trainer*innen gab, die die Teams begleiteten. Es war eine strategische Entscheidung fällig: entweder die Teams, die den Loop machen, auf wenige reduzieren und dafür andere ausschließen oder den Loop-Prozess verschlanken, um mehr Teams daran teilhaben zu lassen.

Das Lighthouse-Team entschied sich für die zweite Option. Statt mit wenigen Teams alle drei Loop-Module durchzuführen, beschränkte man sich vorerst auf das erste Loop-Modul und akzeptierte größere Abstände zu den Folgemodulen. Das Lighthouse-Team übernahm gemeinsam mit den internen Loop-Fellows die Aufgabe, die Bewerbungen zu koordinieren und nach und nach abzuarbeiten. Auch hierbei legte das Team viel Wert auf Transparenz und formulierte feste Kriterien, nach denen Teams und Workshops priorisiert werden. Grundsätzlich gilt: Wer sich zuerst bewirbt, ist auch früher dran. Außerdem haben crossfunktionale Teams Vorrang, weil der Loop-Approach in diesen als besonders hilfreich erfahren wurde.

Parallel zum Loop wurden Workshops zur Gewaltfreien Kommunikation (GFK) angeboten. Frieda Grün berichtet: »Die Menschen in unserer Organisation hatten von Anbeginn ganz viel Interesse an der GFK. Wir haben gemerkt, das gibt den Menschen etwas, das sie brauchen. Gerade im Zuge der Corona-Pandemie war das Interesse groß. Durch die Pandemie ist viel Nähe verloren gegangen. Die Menschen haben uns gespiegelt, dass sie in den Trainings etwas gelernt haben, was nicht nur für die Arbeit hilfreich ist, sondern für ihr ganzes Leben. Eine Abteilung hat mit allen 120 Mitarbeitenden GFK-Trainings gemacht. Wir haben viele offene Kurse angeboten, und das Interesse war immer sehr, sehr groß.« Im Arbeitskontext erhoffte man sich von der GFK eine Verbesserung der Feedback- und Konfliktlösungskompetenz, so Frieda Grün weiter: »Es hatte auch in der Vergangenheit schon Feedback-Kurse bei PTDE gegeben. Das ist immer so ein Thema: Jede*r möchte Feedback, aber irgendwie läuft es nicht so richtig. Deshalb wollten wir die Grundlage stärken und mit GFK einen neuen Impuls setzen.« Aus Sicht von Theresa Wunder ging der Plan für ihr Team auf: »In unserem Fall hat die GFK einen Knoten gelöst. Es wurden bis dahin sehr wenige Dinge ausgesprochen. Es gab eine unterschwellige Anspannung im Team. Wir hatten dann ein Clear-the-Air-Meeting, wo man die Dinge einfach mal auf den Tisch packen konnte, und das hat die Situation gelockert. Ich fühle mich inzwischen sicherer darin, wie ich die Dinge anspreche und ins Team bringe. Ich habe den Eindruck, dass sich die anderen auch sicherer fühlen, in unseren Team-Meetings Themen zu adressieren.«

ZWISCHENBILANZ: WO STEHT PTDE HEUTE?

Dreieinhalb Jahre nach dem PTDE-Camp, das der Startpunkt der Transformation war, haben 25 Teams eine komplette Loop-Reise mit allen drei Modulen durchlaufen. Weitere 47 Teams haben an Modul 1 teilgenommen und einige von ihnen sind auch bereits mit Modul 2 und 3 gestartet. 20 Teams haben individuelle Unterstützung entsprechend ihrer jeweiligen Bedürfnisse erhalten, darunter auch das Führungsteam in Form eines intensiven Strategie-Workshops. 14 Personen wurden in einer zehntägigen Ausbildung zu internen Loop-Trainer*innen qualifiziert und können nun selbst Loop-Journeys bei PTDE moderieren. Ungefähr 600 Mitarbeitende haben an Basistrainings zu Gewaltfreier Kommunikation teilgenommen; 5 Personen haben sich zusätzlich in einer achttägigen Ausbildung zu Clear-the-Air-Facilitatoren ausbilden lassen. 66 Personen haben am Facilitation Training teilgenommen, um ihre Kenntnisse im spannungsbasierten Arbeiten zu vertiefen und die wöchentlichen Teammeetings ihres Teams kompetent zu moderieren. Und für alle 800 Beschäftigten wird aktuell eine kreisförmige Visualisierung der selbstorganisierten Netzwerkstruktur mithilfe der Web-Plattform Holaspirit erprobt.

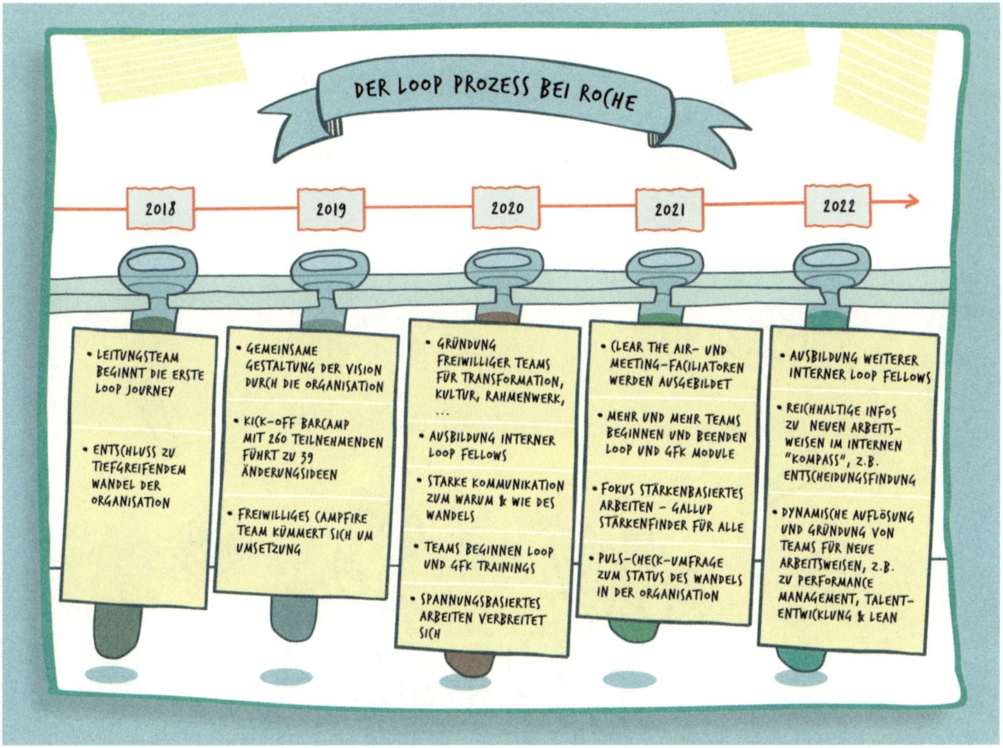

Das sind beeindruckende Zahlen. Viel wichtiger ist aber, was sich dadurch wirklich an der Zusammenarbeit verändert hat. Dazu sagt Theresa Wunder: »Im Labor merken wir, dass die Projektpipeline in den letzten drei Jahren gefühlt zehnmal voller geworden ist. Doch dadurch, dass wir viel strukturierter geworden sind und Hand in Hand arbeiten, schaffen wir die Arbeit trotzdem mit derselben Anzahl an Menschen.« Und auch auf zwischenmenschlicher Ebene hat ihr Team profitiert: »Der Loop-Prozess war ein wichtiger Schritt, damit wir uns besser austauschen und zueinander finden. Die Loop-Workshops sind jetzt fast zwei Jahre her und ich sehe viele Dinge, die wir bis heute mitgenommen haben: Wir haben immer noch Rollenmeetings, unser wöchentliches Teammeeting, das Tension Board. Es sind so viele Dinge, die uns das Leben einfacher gemacht haben, und es ist schon enorm, was das bei uns bewirkt hat.«

Heute existieren zwei Säulen der internen Organisation parallel bei PTDE und das soll auch erst einmal so bleiben. Da sind einerseits die funktionalen Teams, die sich auf ihre jeweiligen Fachbereiche konzentrieren – etwa die Prozesse zur Entwicklung neuer Medikamente und deren Verpackung. Die zweite Säule bilden die crossfunktionalen Teams, die je nach Bedarf gebildet werden, um bestimmte Themen voranzutreiben. Dabei unterscheidet PTDE zwischen Circles und Squads. Circles liefern einen Service für die

Organisation, z.B. der Kommunikations-Circle, der die PTDE-weite Kommunikation von aktuellen Themen aller Art koordiniert. Squads arbeiten an einem spezifischen Produkt oder lösen spezielle Probleme bei der technischen Entwicklung, z.B. wenn eine neuartige Spritze eingesetzt werden soll. Sobald die jeweiligen Ziele erreicht sind, lösen sich die Teams wieder auf. Über die Koexistenz beider Säulen sagt Frieda Grün: »Wir glauben, dass wir auch in Zukunft beide Säulen brauchen, also die dynamischen selbstorganisierten Teams und die Fachbereiche, um unsere Vision bestmöglich zu verwirklichen.« Mit Blick auf die Zukunft sagt sie: »Wir sind noch nicht am Ende der Entwicklung angekommen. Derzeit ist unsere Herausforderung, herauszufinden, wie die Organisationsbereiche gut zusammenarbeiten können. Das perfekte Modell haben wir noch nicht gefunden. Doch das hat uns nicht davon abgehalten, schon einmal loszulegen. ›Safe enough to try‹ leben wir also auch in Bezug auf unser Organigramm. Teams haben sich gebildet und angefangen zu arbeiten. Wie sich das alles eingliedert, finden wir gerade heraus. Früher hätte der Prozess wahrscheinlich andersherum stattgefunden, also mit langen Planungsmeetings, um das vermeintlich perfekte Organigramm zu finden. Erst danach hätte es mit einem großen Knall den Startschuss gegeben. Aber wie das amerikanische Sprichwort so treffend sagt: ›No plan survives contact with reality.‹ Wir legen also los und lassen uns von der Realität Feedback geben.«

Ähnlich handhabt PTDE es auch in Bezug auf altbewährte Stellenbeschreibungen und die neuere Rollenorganisation. Beides existiert parallel und erfüllt unterschiedliche Zwecke. Simon Hofer, der die Führungskräfte als externer Berater begleitet hat, sagt: »Die Führungskräfte haben die Rollen genutzt, um wichtige Führungsfunktionen – von strategischer Ausrichtung bis Budgetverantwortung – auf verschiedene Personen stärkenorientiert zu verteilen. Das war ein wichtiger Schritt in Richtung Selbstorganisation. Andererseits führte das auch zu Spannungen, denn die ›alte‹ Struktur existiert ja fort und ist in der Regel darauf ausgelegt, dass es nur eine Führungskraft gibt, die am Ende für alles die Verantwortung trägt.«

Joseph Meyer aus dem Leitungsteam ergänzt: »Wir leben in zwei Welten: Wir leben das Klassische und das Selbstorganisierte nebeneinander, was dazu führt, dass mitunter nicht ganz klar ist, was denn jetzt eigentlich gilt. Das ist eine Herausforderung, die alle Organisationen haben, mit denen ich in Kontakt war. Die klassische Hierarchie mit Stellenbeschreibungen wird in unserem deutsch-schweizerischen System nicht verschwinden. Wir sind ja auch in einen Konzern eingebunden, der so funktioniert. Unser Ziel ist, ein Stück weit wegzukommen von allzu strikten Stellenbeschreibungen, die zum Teil sehr detailliert formuliert sind. Die Stellenbeschreibungen wollen wir künftig eher allgemeiner halten. Stattdessen wollen wir mit dem flexibleren Rollenmodell die interne Organisation schärfen und lebendig halten.«

Spätestens wenn es um die Veränderung von Stellenbeschreibungen geht, darf ein Akteur nicht fehlen: der Betriebsrat. Bei PTDE hat sich ausgezahlt, dass die Betriebsratsmitglieder von Anfang an die Veränderung mitgestaltet haben. Joseph Meyer: »Wir sind mit dem Betriebsrat sehr früh, sogar extrem früh, in Kontakt getreten und haben erklärt, was wir machen wollen. Wir hatten durchgehend einen guten Austausch mit den Betriebsräten und der Betriebsrat ist voll dabei. Das Element des stärken- und rollenbasierten Arbeitens hat beim Betriebsrat sehr gegriffen. Das ist eine Chance für die Mitarbeitenden, ihre Stärken besser zu nutzen, ihre Freiräume besser zu gestalten und bietet eine Entwicklungschance für sie. Der Betriebsrat ist daher sehr unterstützend. Wo eine Diskussion entstanden ist, ist die Frage: Was heißt das fürs Salär? Wie läuft das Performance Management? Wie kann das fair laufen? Da sind wir jetzt dran. Meine Erkenntnis für Loop-Transformationen ist, die Betriebsräte unbedingt einzubinden. Denn von ihrem Auftrag her wollen sie genau das, was mit dem Loop erreicht werden kann.«

ANSCHLUSSFÄHIG BLEIBEN: SO GEHT ES WEITER

PTDE ist neue Wege gegangen und erlebt damit innerhalb von Roche eine Mischung aus Neugier und Skepsis. Joseph Meyer sagt dazu: »Wir freuen uns über großes Interesse. Es vergeht keine Woche, in der wir nicht eine Anfrage von Kolleginnen und Kollegen bekommen, die wissen wollen, was wir bei PTDE machen und sich mit uns dazu austauschen wollen. Einige starten sogar selbst mit Loop-Reisen.« Aber es gibt auch kritische Stimmen: »Eine Sorge, die wir momentan von unseren PTDE-Partnerfunktionen hören, ist, dass wir einen Alleingang machen und nicht mehr zum Rest passen. Es wird die Gefahr gesehen, dass unsere Veränderung die Zusammenarbeit komplizierter macht und die Produktivität beeinflusst. Dabei waren effiziente Zusammenarbeit und Produktivität von Anfang an auch Auslöser für unsere Veränderung. Ich finde es richtig, dass wir unseren Weg gefunden und gemeinsam mit ganz PTDE gestaltet haben. Wir müssen nun im Blick behalten, dass wir an den Schnittstellen die Verbindung weiterhin gut halten und anschlussfähig bleiben.«

Nach vier Jahren Transformation ist PTDE deshalb bereit für eine zweite Phase: Darin wird es verstärkt darum gehen, die bisherigen Erfolge und Evolution in der Zusammenarbeit bei PTDE noch besser in die übergreifenden Strukturen einzubetten. Frieda Grün: »Loop bleibt! Die Leidenschaft, Begeisterung und spürbare Verbesserung sind so stark – selbst wenn wir wollten, wir könnten das gar nicht mehr stoppen. Warum sollten wir auch?«

Die Fallstudie auf einen Blick

- Ausgangspunkt der Transformation war der hohe Innovationsdruck in der Branche und der Wunsch, kürzere Entscheidungszyklen zu erreichen und die Stärken der einzelnen Mitarbeiter*innen besser zur Entfaltung zu bringen
- Den ersten Loop-Testdurchlauf machte das Leitungs-Team von PTDE. Von da aus breitete sich der Loop-Ansatz viral in der Organisation aus
- Um schnell möglichst viele Teams mit dem Loop-Approach in Kontakt zu bringen, nutzte das Steuerungsteam den modularen Charakter des Ansatzes und zerstückelte ihn: Statt mit wenigen Teams alle drei Loop-Module durchzuführen, beschränkte man sich vorerst auf das erste Loop-Modul.
- 25 Teams haben bereits eine komplette Loop-Reise mit allen drei Modulen durchlaufen und weitere 47 Teams haben an Modul 1 teilgenommen. Im nächsten Schritt geht es darum, die Erfolge des Bereichs noch besser in die Gesamtorganisation einzubetten.

TELEKOM
LOOP
WELCOME
LOOP
PURPOS
FROM EGO→
LOOP

Der Loop als skalierbares Framework für interne Weiterbildungsprogramme

AUSGANGSSITUATION: TRANSFORMATIONSIMPULSE SKALIERBAR MACHEN

Die Deutsche Telekom ist eines der weltweit größten Telekommunikationsunternehmen. Rund 220 000 Beschäftigte arbeiten in über fünfzig Ländern, auf fünf Kontinenten. Einen solchen global tätigen Großkonzern für die sich rasend schnell verändernden Bedingungen unserer Zeit fit zu machen, ist keine einfache Aufgabe.

Es gibt nur sehr wenige Beispiele für wirklich ernst gemeinte und konsequente Selbstorganisationsunterfangen dieser Größenordnung. Und die Frage, die sich stellt, ist: Wie lassen sich Transformationsimpulse so skalierbar machen, dass sie einerseits tausende von Menschen erreichen und andererseits ihre Wirkung voll entfalten und nicht verflachen? Geht das überhaupt?

Ein Startvorteil: Die Telekom hat bereits unzählige Weiterbildungsangebote auf allen Ebenen, und damit eine vorhandene Grundstruktur, um sehr viele Mitarbeiter*innen zu erreichen. Es braucht also keine Ende-zu-Ende-Beratung, sondern ein Lern-Framework, das sich modular in bestehende Lernformate integrieren lässt.

DEUTSCHE TELEKOM AG

BRANCHE:	TELEKOMMUNIKATION
STANDORT:	HAUPTSITZ IN BONN
MITARBEITER*INNEN GESAMT:	220.000
MITARBEITER*INNEN IM PROJEKT:	CA. 2.000
KERN-PROJEKTZEITRAUM:	5 JAHRE, LAUFEND
WOHER KAM DER IMPULS ZUR VERÄNDERUNG:	PERSONALBEREICH / FÜHRUNGSKRÄFTE-ENTWICKLUNGSPROGRAMME
WAS MACHT DIESEN FALL BESONDERS:	VERÄNDERUNG IM GROSSKONZERN; HERAUSFORDERUNG: SKALIERBARKEIT

SURFEN LERNEN: EIN ERSTER MINI-LOOP FÜR DIE TOP-FÜHRUNGSKRÄFTE

Bereits im Jahr 2014 hat die Telekom ein Programm zur Führungskräfteentwicklung ins Leben gerufen, das sich an die Top-300-Führungskräfte des Konzerns – das sogenannte T3 Telekom Transformation Team – richtet. Die Inhalte des T3-Programms werden jährlich neu zusammengestellt, um immer wieder interessante Methoden und innovative Führungsansätze aufnehmen zu können. Bei der Recherche stieß das zuständige TED-Team (kurz für *Top Executive Development*) im Frühjahr 2018 auf den *Loop-Approach*.

In dem Jahr sollte das Programm unter dem Motto »Next Wave« stehen, abgeleitet von einem Zitat des US-amerikanischen Meditations- und Achtsamkeitslehrers Jon Kabat-Zinn: »Man kann die Wellen nicht aufhalten, aber man kann lernen zu surfen.« Dabei standen zwei thematische Schwerpunkte im Fokus: zum einen Komplexitätskompetenz und zum anderen die Stärkung der Kompetenzen im Bereich »Emotionale Intelligenz«. Den Führungskräften sollten also Methoden und Werkzeuge an die Hand gegeben werden, die ihnen dabei helfen, besser mit den komplexen Herausforderungen ihres Jobs und der Welt umzugehen und außerdem ihre zwischenmenschlichen Kompetenzen zu stärken.

In einem Mini-Workshop zerlegten Katja Vogt und Daniel Vonier aus dem TED-Team gemeinsam mit externen Loop-Beratern den Loop-Ansatz und entwickelten ein Kurzformat, das sich gut ins Programm einfügte. Sie

LOOP PREVIEW

- ABLAUF -

ANZAHL TEILNEHMENDE:

20–30 Personen

ZIELE:

- Alle Teilnehmer*innen haben Herangehensweisen kennengelernt, die sie direkt in ihrem Team anwenden können
- Alle Teilnehmer*innen wissen, wie die Loop-Teamreise abläuft und welche Themen sie darin bearbeiten können
- Alle Teilnehmer*innen haben eine gute Entscheidungsgrundlage, ob sie mit dem eigenen Team eine Loop-Reise durchführen möchten

ABLAUF TAG 1:

16:00 Check-in + Vorstellung

16:20 Einstieg: Begrüßung und Kontextklärung durch TED-Team, Ablaufvorstellung, Erwartungsklärung

17:00 Warum eigentlich Selbstorganisation? Wo passt Selbstorganisation (nicht)? Durchführung einer Bestandsaufnahme der Telekom auf Basis von Spiral Dynamics

17:45 Pause

18:00 Vorstellung von Loop + Fallbeispiel aus der Praxis: Loop bei Audi Business Innovation

19:30 Check-out

20:00 Ende

ABLAUF TAG 2:

10:00 Check-in

10:20 Vorstellung spannungsbasiertes Arbeiten mit »Was brauchst Du?« + 5 Standardantworten auf diese Frage

10:40 Arbeiten: Einführung + Abbildung der eigenen Rollen + kollegialer Austausch zu Rollen

12:45 Mittagspause

13:30 Integrativer Entscheidungsprozess: Diskussion verschiedener Entscheidungswege + Vorstellung Integrativer Entscheidungsprozess + Diskussion zur Frage: »Wo kann dieser Prozess oder Elemente davon in eurer Arbeit angewendet werden?« + plenare Reflexion

15:00 Spannungsspeicher leeren

15:30 Abschlussworte TED-Team + Check-out

16:00 Ende Tag 2

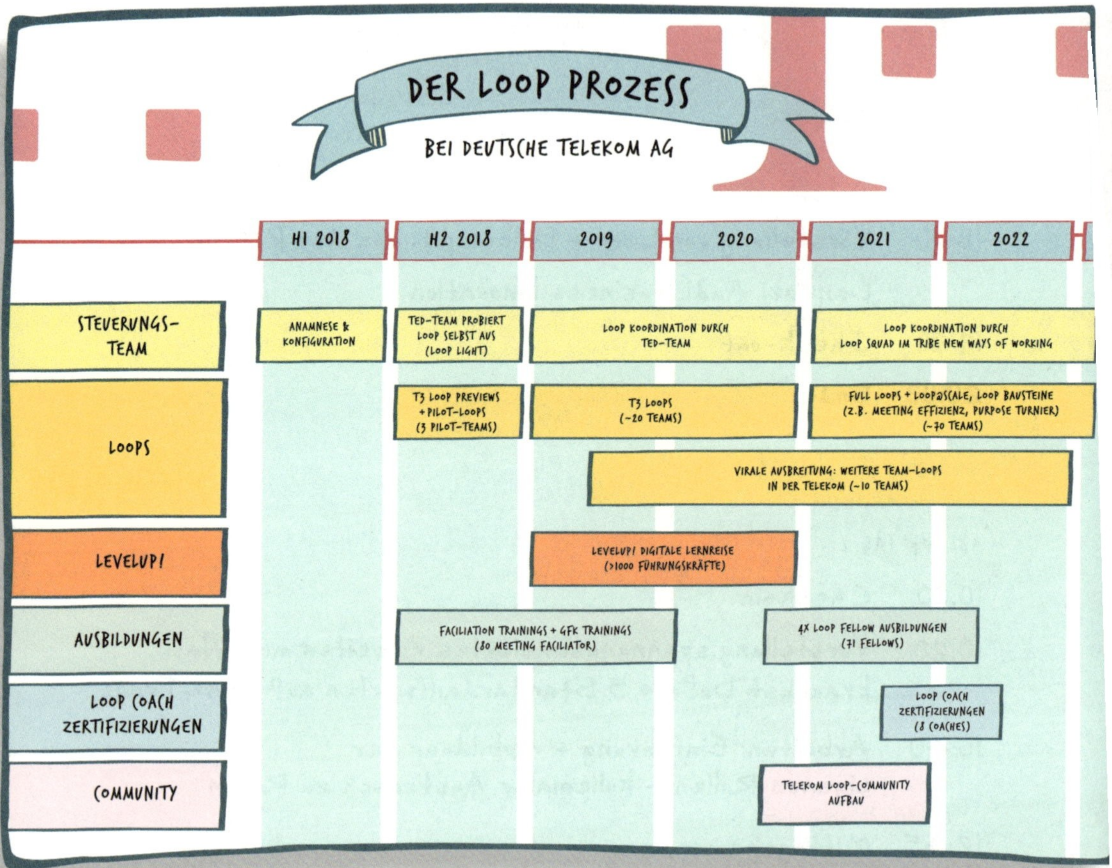

nannten es Loop-Preview. Zudem durchlief das TED-Team in seiner Rolle als Steuerungsteam selbst einen Loop-Durchgang, um den Ansatz richtig kennenzulernen. »Wenn wir das in die Organisation und zu unseren Top-Führungskräften bringen wollen, müssen wir auch selbst verstehen, was das Programm bewirken kann«, sagt die Programmleiterin Katja Vogt.

Im Herbst 2018 fanden die ersten Loop-Previews statt: Je dreißig interessierte Führungskräfte aus dem T3-Team kamen für eineinhalb Tage nach Berlin, wo ihnen externe Loop-Coaches grundlegende Loop-Inhalte vorstellten, darunter die 7 Tugenden effektiver Organisationen, den Integrativen Entscheidungsprozess (IDM) und einen Erfahrungsbericht aus einem Praxisprojekt. Im Nachgang hatten die Teilnehmenden die Möglichkeit, sich mit ihren eigenen Teams für einen kompletten Loop-Durchlauf zu bewerben. Den Anfang machten drei Teams: das vierzehnköpfige Customer-Relationship-Management-Team (CRM) unter Leitung von Marion Hagen, das Leitungsteam der Congstar mit zehn Mitgliedern sowie ein achtköpfiges Scrum-Team aus dem IT-Bereich.

DER PILOT-LOOP IM CRM-FÜHRUNGSKREIS

Zu ihrer Motivation, mit ihrem Team in den Loop zu starten, sagt Marion Hagen rückblickend: »Ich wollte mit der Transformationsreise das Ziel erreichen, dass wir wieder gerne zusammenarbeiten und dass auch etwas dabei herumkommt.« Michael Courbier, ebenfalls Teil des CRM-Führungsteams, ergänzt: »Insgesamt in schwierigen Phasen hatten wir auch in der vertrauten Führungsmannschaft immer wieder emotionale Ausbrüche, lange Diskussionen, viel Lamentieren, ohne ein direktes Ergebnis. Und ganz klar war der Wunsch nach einer anderen Form des Miteinanders, der Diskussion, der Entscheidungsfindung.«

Die größte Herausforderung am Anfang sei laut Marion Hagen gewesen, einen gemeinsamen Purpose zu definieren, da dieser zunächst für jede*n sehr individuell gewesen sei. Das zu berücksichtigen und darauf aufbauend gemeinsam zu formulieren, wofür sie als Team existierten, sei schwierig gewesen. Doch letztlich waren alle mit ihrem neu entwickelten Purpose zufrieden, wie Carolin Haußühl, ein weiteres Mitglied des CRM-Führungsteams, berichtet: »Bis dahin hatten wir so eine Bandwurmsatz-Vision, die niemand auswendig wusste. Dann haben wir in einem Staffellauf diesen Purpose entwickelt und waren damit sehr glücklich. Alle hatten das Gefühl: Das ist jetzt was, damit kann ich etwas anfangen.«

Ein weiterer wichtiger Hebel für das Team war eine Anpassung der Meeting-Struktur. Zielführende Meetings sind deshalb zentral, weil jedes Team-Mitglied mindestens zwei Rollen innehat: Zum einen ist sie Führungskraft ihres Teams, führt Mitarbeiter*innengespräche und koordiniert Abläufe. Gleichzeitig tritt sie im Führungskreis als Vertretung ihres Bereichs auf und teilt Updates aus den Sub-Teams. Synchronisation, also der Austausch von Informationen und das Festhalten nächster Schritte, ist also enorm wichtig für das CRM-Führungsteam.

Christoph Denk, ebenfalls Teil des CRM-Führungsteams, sagt: »Früher hatten wir einen Regel-Jourfix, da wurden alle Themen durcheinander diskutiert.« Die Trennung in ein Sync-Meeting und ein Governance-Meeting hat dem Team geholfen, Themen genau dort zu besprechen, wo sie hingehören.

Die Arbeit mit dem *Loop-Approach* war nicht nur im CRM-Führungsteam, sondern auch in den beiden anderen Pilot-Teams ein voller Erfolg. Marion Hagen sagt: »Ich würde Loop mit fünf von fünf Sternen bewerten. Dafür gibt es zwei Gründe: Erstens hat uns der *Loop-Approach* als Führungsteam auf nachhaltige Weise sehr viel effektiver gemacht. Und zweitens hilft uns der Ansatz, in Diskussionen Fakten von Emotionen zu trennen, was zu einer deutlich besseren und konstruktiveren Zusammenarbeit führt.«

Aufgrund der guten Erfahrungen war der *Loop-Approach* auch im folgenden Jahr wieder Teil des T3-Führungskräfte-Programms. Führungskräfte konnten sich dafür bewerben, den *Loop-Approach* ins eigene Team zu holen. Ausschlaggebendes Kriterium war somit der Grad der Eigenmotivation der jeweiligen T3-Führungskraft. Das führte zu einer breiten, wenn auch punktuellen Streuung des *Loop-Approach* über unterschiedliche Konzernbereiche hinweg: vom HR-Bereich über die Business-Unit T-Systems bis hin zum Organisationsbereich Technologie & Innovation und im Tochterunternehmen Congstar. Jede Durchführung eines Loop war in dieser frühen Phase ein Prüfstein: Würde sich das Konzept in den unterschiedlichen Bereichen der Telekom bewähren? Oder wie es bei Telekom hieß: Wie robust ist der Loop?

Nachdem acht Teams aus dem Top-Management die Loop-Reise durchgeführt hatten, wurden sie gebeten, ihre Erfahrung auf einer 5-Sterne-Skala zu bewerten. Zwei Teams bewerteten den Loop mit vier Sternen, alle weiteren Teams vergaben fünf Sterne. Bernd Wagner, seinerzeit SVP Sales Germany, sagte im Zuge dieser Umfrage: »Der Loop hat uns gerade zu Beginn der Coronapandemie geholfen, sofort im Arbeitsmodus auf remote zu schwenken. Das war wahnsinnig hilfreich. Wir haben eine bessere Teamdynamik und schaffen 30 Prozent mehr Ergebnisse in 30 Prozent weniger Zeit.«

DIE VERBINDUNG ZUR NÄCHSTEN FÜHRUNGSEBENE: LEVELUP!

Die positiven Erfahrungen mit dem *Loop-Approach* sprachen sich im Konzern herum. Der Wunsch, die Inhalte auch der nächsten Ebene von Führungskräften zugänglich zu machen, kam auf. Auch für diese Führungsebene gab es bereits ein Programm für die persönliche und fachliche Weiterentwicklung. LevelUp!, so der Name des Programms, richtete sich an eine wesentlich größere Zielgruppe von rund

3000 weltweit verteilten Personen. Daher war ein skalierbarer, standortunabhängiger Ansatz nötig, der sich gut in den Arbeitsalltag integrieren lassen musste. Das Projektteam entschied, eine digitale Lernreise zu entwickeln, die es den Führungskräften erlaubte, sich flexibel mit den Loop-Inhalten zu beschäftigen. Das Ergebnis war ein 10-Wochen-Programm, das im Mai 2019 startete.

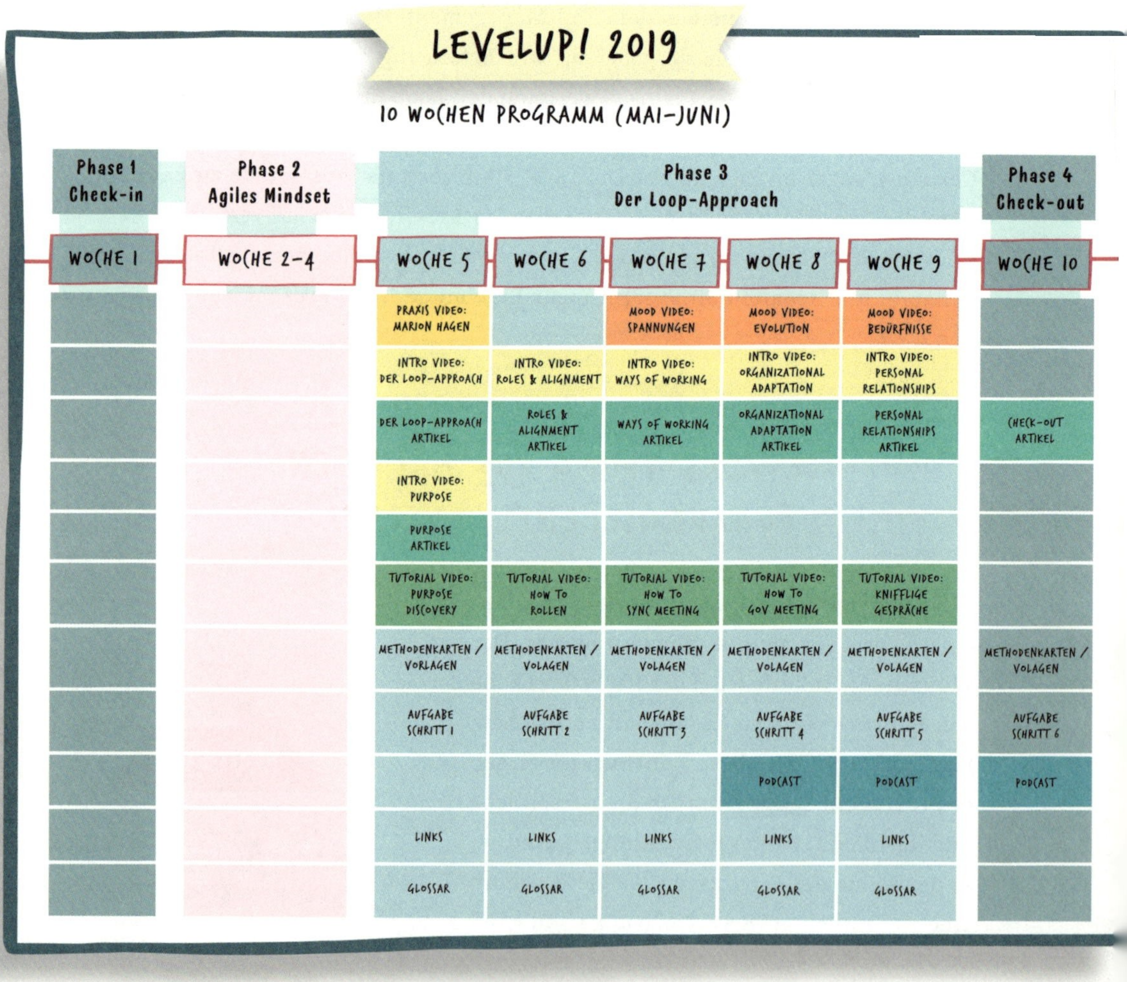

Jeder Mensch lernt anders – diese Tatsache wurde bei der Zusammenstellung des Programms berücksichtigt. Den Kern bildeten zwölf für die Lernreise produzierte Videos, die im Wochenturnus freigeschaltet wurden. Am Ende jeder Woche gab es eine Anleitung, wie die Inhalte im eigenen Team ausprobiert werden können, beispielsweise eine Schritt-für-Schritt-Anleitung des Purpose-Integrationsturniers und eine Vorlage, um Rollen im Team visuell darzustellen.

Als Begleitangebot zu den Videos gab es Artikel, Podcast-Folgen, Methodenkarten und Aufgaben, die die Führungskräfte selbstständig bearbeiten konnten, um tiefer in die Themen einzusteigen. Außerdem fanden digitale Sprechstunden mit Expert*innen statt, in denen die Teilnehmenden Fragen zum jeweiligen Wochenthema stellen und ihre Erfahrungen miteinander reflektieren konnten.

Das 10-Wochen-Programm war zweigeteilt: Der erste Teil beschäftigte sich mit der Entwicklung eines agilen Mindset. Der zweite Teil widmete sich einer abgewandelten Version vom Loop: Fünf der insgesamt sieben Loop-Tugenden

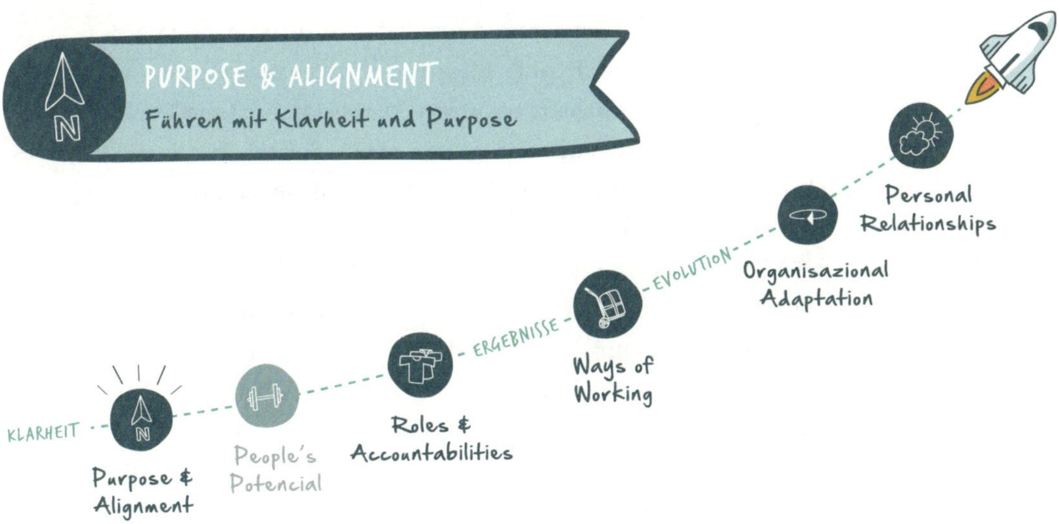

wurden wochenweise behandelt und so umbenannt, dass sie gut zu den Begriffen passten, die bei Telekom ohnehin schon etabliert waren: Aus »Team-Effektivität« wurden »Ways of Working« und aus »Feedback- und Konfliktkompetenz« wurden »Personal Relationships«.

Rund 700 Führungskräfte meldeten sich an und absolvierten das Programm. Es endete mit einem eintägigen LevelUp!-Summit, zu dem rund 300 Teilnehmende in Euskirchen zusammenkamen. Aufgrund der positiven Rückmeldungen, wurde die digitale Loop-Reise im Folgejahr erneut angeboten und erreichte diesmal rund 1000 Personen.

HOW DEEP IS YOUR LOOP? EIN MITTELWEG AUS GESCHWINDIGKEIT UND TIEFGANG

Es ist Anfang 2021, zweieinhalb Jahre nach den ersten Loop-Schritten der Telekom. Was zu diesem Zeitpunkt bereits geklappt hatte: Über das Andocken an interne Weiterbildungsprogramme hatten viele Menschen innerhalb der Telekom Kontakt mit dem *Loop-Approach* und haben ihre Teamzusammenarbeit verbessert. Woran es noch hakte: Diese Teams waren über ebenso viele Bereiche versprengt. Bis dahin hatte es nur wenige vollständige Loop-Durchläufe in Teams gegeben, die aneinander angrenzten. Sprich: Es gab zwar viele Inseln der Transformation, aber keine größeren Knotenpunkte, die von innen Wucht entfalten konnten.

Das zu ändern, darauf lag der Fokus im Jahr 2021. Dabei half die Verankerung von Loop im internen Organisationsbereich New Ways of Working (NWOW), der unter der Leitung des Loop-Fellows Dr. Oliver Hermann folgende Vision verfolgte: »Wir gestalten die Deutsche Telekom zu einer menschenzentrierten, digitalen und lernfähigen Organisation.« Ein siebenköpfiges Loop-Team innerhalb der NWOW kümmerte sich nun darum, den Loop-Gedanken möglichst effektiv in die Gesamtorganisation zu tragen. Als frühe

Unterstützerin und Vorantreiberin des *Loop-Approach* hat Katja Vogt die Leitung des Teams übernommen.

Gemeinsam mit einer externen Beratungsagentur entwickelte das Team Loop@Scale. Anders als der klassische Loop, der drei zweitägige Module mit zwei Loop-Coaches vorsieht, stückelt Loop@Scale die Inhalte in 2,5-stündige Termine, die über 12 Wochen hinweg von einem Loop-Coach vermittelt und direkt im Team angewendet werden. Das Programm endet nach einer 4-wöchigen Supervision, bei der das Team in den neuen Routinen arbeitet und die Loop-Begleiter*innen für Fragen und Feedback zur Verfügung stehen.

Nach dem LevelUp!-Programm eröffnete Loop@Scale die Möglichkeit, den Loop nicht mehr nur den Top-Führungskräften zugänglich zu machen, sondern den Ansatz schneller in die Gesamtorganisation zu skalieren. Die frühen Loops waren ziemlich kostspielig, weil jeweils zwei externe

Berater*innen die Loops begleiteten und der Loop zunächst an die Bedürfnisse der Telekom angepasst werden musste. Durch Loop@Scale und die Ausbildung interner Loop Begleiter*innen konnten die Kosten pro Loop um ein Vielfaches reduziert werden.

In Loop@Scale liegt der Fokus auf der Weiterentwicklung der Meeting- und Entscheidungsroutinen, und dabei insbesondere auf Produktivitätszuwachs. Zwischenmenschliche und individuelle Aspekte finden weniger Platz als im klassischen *Loop-Approach*. Dadurch ergab sich ein ganz neues Spannungsfeld. Einerseits machte die pragmatische Reduzierung und Standardisierung von Loop@Scale erst möglich, dass der Loop-Ansatz skalierbar

Unterschiede & Gemeinsamkeiten

DER LOOP-APPROACH	LOOP@SCALE
3 Module à 2 Tage	mehrere 2,5-stündige Termine über 12 Wochen
Durchführung in Präsenz oder virtuell (das Team entscheidet)	Durchführung ausschließlich virtuell
mittlerer Standardisierungsgrad	hoher Standardisierungsgrad
Bearbeitung aller vier Räume: Individueller Raum, Operativer Raum, Beziehungsraum, Steuerungsraum	Stärkere Fokussierung auf zwei Räume: Operativer Raum, Steuerungsraum

wurde und innerhalb der Telekom so verbreitet werden konnte. Andererseits kann die Verdichtung des Loop auf den Produktivitätsgedanken dazu führen, dass die Frage aus dem Blick gerät, was die Menschen in der Organisation brauchen, um dauerhaft gut arbeiten zu können. Schließlich liegt die Wucht des *Loop-Approach* darin, kein reines Produktivitäts-Framework zu sein, sondern auch die innere Arbeit der Einzelnen und die Beziehungen zwischen den Menschen in die Betrachtung miteinzubeziehen.

Es liegt auf der Hand, dass ein hoher Grad an Skalierbarkeit fast immer mit Einbußen in der Tiefe einhergeht. Für die Telekom geht es also darum, in einem ständigen Aushandlungsprozess stets den Grad zu finden, der die Organisation zu diesem Zeitpunkt am besten voranbringt. Die Auftragsklärung vor jedem Loop-Prozess ist dadurch noch wichtiger geworden. Das interne Loop-Team der Telekom stimmt mit dem jeweiligen Team ab, welcher der beiden Ansätze besser passt.

Ausblick: Zusammenhängende Organisationsentwicklung statt einsamer Inseln

Insgesamt haben in den vergangenen Jahren über 100 Teams den *Loop-Approach* vollständig durchlaufen, über 70 Loop-Fellows wurden innerhalb der Telekom ausgebildet und das LevelUp!-Programm hat weit über 1000 Führungskräfte mit dem Loop in Kontakt gebracht.

Zu Beginn und zum Abschluss eines jeden Loop-Durchgangs geben die Teams eine Selbsteinschätzung entlang der sieben Tugenden »Klare Ausrichtung«, »Gut genutzte Potenziale«, »Verteilte Verantwortlichkeiten«, »Individuelle Effektivität«, »Effektivität als Team«, »Anpassungsfähigkeit« und »Feedback- und Konfliktkompetenz« ab: Wo stehen wir derzeit auf einer Skala von 0 bis 10? Über alle Teams hinweg ergibt sich eine durchschnittliche Verbesserung um 29 Prozent. Maya Biersack, die das Projekt als externe Beraterin begleitet hat, ordnet das ein: »Nicht immer ist das Bild auf den ersten Blick so positiv. Ab und zu begegnen mir Teams, bei denen sich die Schieberegler scheinbar kaum verändert haben. Oft sagen die Teammitglieder dann, dass sich auf der Loop-Reise der Maßstab verändert habe: Es wurde klar, wie viel produktiver und herzlicher man wirklich zusammenarbeiten kann. Dadurch war die 10 in weitere Ferne gerückt.«

Trotz der bisherigen Erfolge ist der Fortbestand des Ansatzes innerhalb der Telekom ungewiss. Im Zuge von Repriorisierungen wurde das interne Loop-Team ungefähr ein Jahr nach seiner Gründung stark verkleinert. Außerdem, das erklärt die Teamleiterin Katja Vogt, brauche es einen Richtungswechsel, um den *Loop-Approach* intern besser einzubetten: Es müsse nun vermehrt darum gehen, zusammenhängende Organisationsentwicklung zu betreiben und den Loop mit anderen Transformationsinitiativen zu vernetzen. »Für eine nachhaltige Veränderung im Konzernumfeld scheint mir das die erfolg-

versprechendste Strategie zu sein: integrierte Organisationsentwicklung, vor Ort, zugeschnitten auf die Bedürfnisse des Bereichs«, sagt Katja Vogt.

Einen ersten Prototyp für einen solchen Ort gibt es bereits. Im Organisationsbereich T-Systems Iberia hat Osmar Polo, CEO und Vorsitzender des Vorstands, das Programm High Performance Collaboration initiiert, welches stark von Loop inspiriert ist. Bereits zehn Teams haben sich auf diese Reise begeben. Osmar Polo sagt über seine bisherigen Fortschritte: »Vor der Reise war ich nicht sicher, ob es ein Transformations-Framework wie der *Loop-Approach* wirklich schaffen kann, tiefsitzende Gewohnheiten und Muster zu durchbrechen. Heute weiß ich: Es geht. Und ich bin stolz, mittlerweile andere auf ihrem Weg hin zu einer effektiveren und gesunden Form der Zusammenarbeit zu begleiten.«

Fünf Erkenntnisse aus der Loop-Reise der Telekom

Was hat diese Tragweite des Loop bei der Telekom möglich gemacht? Und an welchen Stellen hat es gehakt? Es folgen fünf Erkenntnisse für die Skalierung der Loop-Transformation im Konzernumfeld.

Die Führungsteams begeistern: Durch die Einführung des Loop auf der Top-Führungsebene im T3-Programm umgab den *Loop-Approach* von Beginn an ein guter Ruf. Die hierarchisch hohe Verankerung produzierte eine Glaubwürdigkeit für den Ansatz und die Überzeugung, dass neue Formen der Zusammenarbeit im Konzern wirklich gewollt sind.

Skalierbarkeit Schritt für Schritt erhöhen: Mit dem Loop-Preview-Workshop, der digitalen Loop-Reise im LevelUp!-Programm und Loop@Scale hat die Telekom drei Formate entwickelt, die den *Loop-Approach* im Konzernumfeld zugänglich gemacht haben. Durch die Ausbildung von internen Loop-Fellows wurden große Teile des Transformations-Wissen nach innen geholt. Diese Maßnahmen zahlten auf die Kostenreduktion pro Loop-Durchgang und damit auf die Skalierbarkeit ein.

Ein Loop endet nicht: Der *Loop-Approach* bringt neue Meeting-Formate, Entscheidungswege und Konfliktklärungsprozesse in Teams. Diese tiefgreifenden Veränderungen brauchen Zeit und Übung. Die Telekom entschied sich deshalb dazu, die Teams nach dem Loop-Durchgang nicht alleine zu lassen. Über fortlaufende Meeting-Shadowings durch erfahrene Coaches und begleitende Trainings in Gewaltfreier Kommunikation wurde sichergestellt, dass die Loop-Gedanken nicht nach dem Workshop verpuffen. Auf einer internen Loop-Konferenz konnten sich die Loop-Interessierten innerhalb der Telekom miteinander vernetzen und Erfahrungen austauschen.

Transformations-Framework strukturell verankern: Das T3-Programm und das LevelUp!-Programm waren gute Andockstellen, um schnell viele Menschen innerhalb der Telekom zu erreichen. Kontinuität bringen solche Formate aber nicht. Und Transformation braucht Kontinuität. Erst mit der stärkeren strukturellen Verankerung des *Loop-Approach* im Bereich New Ways of Working schaffte der Transformationsansatz intern seinen Durchbruch.

Eine stimmige Balance aus Fokussierung und Verbreitung finden: Jede Person, die einen Loop durchläuft, bedeutet für die Telekom eine nicht unerhebliche Investition. Die Teilnahme galt intern deshalb immer als Privileg. Einerseits hat diese Knappheit geholfen, das Interesse am Ansatz hoch zu halten und den wenigen loopenden Teams genügend Raum zu geben. Andererseits tritt eine Breitenwirkung so kaum ein. Mit der zunehmenden Zahl an internen Loop-Fellows ist mittlerweile eine höhere Frequenz möglich.

Die Fallstudie auf einen Blick

- Ausgangspunkt der Veränderung waren zwei Führungskräfteentwicklungsprogramme, an die der *Loop-Approach* andocken konnte und durch die neue Arbeitsweisen und Themen in der Organisation platziert werden können.
- Für die Breitenwirkung und Zugänglichkeit des *Loop-Approach* im Konzern entwickelte die Telekom ein 1,5-tägiges Loop-Preview-Format, eine 10-wöchige digitale Lernreise sowie ein 18-wöchiges virtuelles Workshop-Angebot.
- In der Telekom wurde das Loop-Squad gegründet, ein siebenköpfiges Team für die interne Verankerung der Arbeitsweisen aus Loop im Konzern.
- Insgesamt haben sich über 100 Teams auf die Loop-Reise begeben, über 70 Personen zu Loop-Fellows ausbilden lassen und mehrere tausend Menschen haben Elemente aus dem *Loop-Approach* in ihre tägliche Arbeit implementieren können.
- Trotz der positiven Resonanzen zu Loop quer über Organisationsbereiche, Länder und Hierarchieebenen hinweg, ist eine dauerhafte Verankerung der neuen Arbeitsweisen in der Organisation ungewiss.

LOOP
CHECK-OUT

Gute Arbeit beginnt für uns mit einem Check-in – und endet mit einem Check-out. Er dient dazu, noch einmal das Tempo rauszunehmen und zu reflektieren. Jede*r denkt für sich noch einmal darüber nach, ob sie*er bekommen hat, was sie*er sich versprochen hat.

Am Anfang des Buches haben wir gefragt, was das Buch leisten muss, damit die Zeit, die du mit ihm verbringst, ein voller Erfolg war. Wir hoffen, dass sich möglichst viele deiner Erwartungen an das Buch erfüllt haben.

Bestenfalls ist dir an dieser Stelle nicht nur klar, warum unsere Arbeitswelt dringend eine Transformation braucht, sondern auch, warum darin eine riesige Chance für uns alle liegt. Wie die Organisation der Zukunft genau aussehen wird, wissen wir nicht. Aber der *Loop-Approach* hilft dir dabei, mit deiner ganz persönlichen Transformation zu beginnen und – gemeinsam mit deinem Team – eure eigene Version der Organisation der Zukunft zu gestalten.

Ganz wichtig dabei: Nimm es sportlich, nimm andere mit auf die Reise und vergiss nicht den Spaß bei der ganzen Sache. Wenn du unsicher bist, wie du anfangen kannst, etwas zu verändern, und was sinnvolle erste Schritte sind, freuen wir uns, von dir zu hören. Schreib uns einfach eine E-Mail an hi@loopapproach.com.

Auf den nächsten Seiten findest du noch ein paar Quellen, weiterführende Informationen und unser New-Work-Glossar. Online auf unserer Website findest du interaktive Trainings und nützliche Tools zum Ausdrucken und Selbermachen. Und natürlich freuen wir uns sehr, wenn wir dich in einem gemeinsamen Workshop persönlich kennenlernen können. Alles, was du dazu wissen musst, steht hier: www.loopapproach.com.

Wenn dir dieses Buch gefallen hat und du es nützlich fandest, gib es gerne an jemanden weiter, dem*der es auch nützen könnte.

Zeit, loszulegen. Wir wünschen dir gutes Gelingen!

CHECKLISTE FÜR WORKSHOPS

FÜR ALLE LOOP-WORKSHOPS SOLLTE FOLGENDES GEGEBEN SEIN:

- ☑ Alle Teammitglieder sind anwesend und haben sich die Zeit für den Workshop vollständig freigehalten. Falls wichtige Telefonate geführt werden müssen, können diese in der Pausenplanung berücksichtigt werden.
- ☑ Idealerweise stehen zwei Trainer*innen zur Verfügung, von denen mindestens eine Person Erfahrung als Loop-Trainer*in hat.
- ☑ Der Workshop findet in einem Raum statt, der sich außerhalb der normalen Arbeitsumgebung des Teams befindet, sodass die Teammitglieder sich auf die neuen Inhalte einlassen können, ohne von ihrer sonstigen Arbeit abgelenkt zu werden.
- ☑ Der Raum sollte so ruhig und abgeschlossen sein, dass die Teammitglieder sich nicht um externe Zuhörer*innen sorgen müssen.
- ☑ Der Raum erlaubt es, dass das Team in einem Stuhlkreis zusammensitzt. Außerdem sollte der Raum groß genug sein, dass die Teilnehmenden sich bewegen und interaktiv arbeiten können. Meetingräume mit großem Besprechungstisch sind also nicht geeignet.
- ☑ Es sind genügend beschreibbare Wände, Whiteboards und Flipcharts vorhanden.
- ☑ Es gibt einen Spannungsspeicher, beispielsweise in Form eines großen Post-its, auf dem Spannungen steht und einen Ort, an dem nächste Schritte festgehalten werden. Auch hier reicht ein großer Post-it mit etwas Platz darunter, sodass kleine Post-its mit Aufgaben angeklebt werden können.
- ☑ Es gibt eine gut sichtbare Agenda, an der sich die Teilnehmenden orientieren können.
- ☑ An weiterem Material ist vorhanden: mindestens ein Timer, Post-its in allen Größen, genügend Stifte, Klebepunkte, Scheren, Tesa/Kreppband.
- ☑ Es gibt genügend zuckerfreie Getränke und insulinspiegelfreundliche Snacks, zum Beispiel Nüsse oder Obst, für die Pausen.
- ☑ Das Mittagessen ist so organisiert, dass es nicht zu viel Zeit kostet, und die verfügbaren Gerichte sind so leicht, dass die Teilnehmenden auch am Nachmittag noch Energie haben, um produktiv zu arbeiten.

WEITERFÜHRENDE MATERIALIEN

Auf unserer Website finden sich viele weiterführende Materialien wie Moderationskarten und Handouts für die Workshops:
www.loopapproach.com

Literaturempfehlungen

Die wichtigsten Bücher[22], auf die wir uns beziehen, sind im Folgenden verzeichnet:

Achtsamkeit:

Tan, C.-M. (2012). *Search Inside Yourself. The Unexpected Path to Achieving Success, Happiness (and World Peace).* New York: Harper One.

Tan, C.-M. (2015). *Search Inside Yourself. Optimiere dein Leben durch Achtsamkeit.* München: Wilhelm Goldmann Verlag.

Design-Thinking:

Brown, T. (2009). *Change by Design. How Design Thinking Transforms Organizations and Inspires Innovation.* New York: Harper Collins Publishers.

Brown, T. (2016). *Change by Design. Wie Design Thinking Organisationen verändert und zu mehr Innovation führt.* München: Franz Vahlen Verlag.

22 | Bei englischsprachigen Originalwerken finden sich immer das englische Buch und dessen Übersetzung (sofern vorhanden).

Gewaltfreie Kommunikation:

Karstädt, K. (2018). *Gewaltfreie Kommunikation – das Basistraining*. Tübingen: Dgvt Verlag.

Rosenberg, M. B. (2015). *Nonviolent Communication. A Language of Life*. 3rd Edition. Encinitas: PuddleDancer Press.

Rosenberg, M. B. (2016). *Gewaltfreie Kommunikation. Eine Sprache des Lebens*. 12. überarbeitete und erweiterte Auflage. Paderborn: Junfermann Verlag.

Holacracy:

Robertson, B. J. (2015). *Holacracy. The New Management System for a Rapidly Changing World*. New York: Henry Holt and Company.

Robertson, B. J. (2016). *Holacracy. Ein revolutionäres Management-System für eine volatile Welt*. München: Franz Vahlen Verlag.

Organisationale Effektivität:

Collins, J. (2001). *Good to Great. Why Some Companies Make the Leap … and Others Don't*. New York: Harper Collins Publishers.

Collins, J. (2011). *Der Weg zu den Besten. Die sieben Management-Prinzipien für dauerhaften Unternehmenserfolg*. Nachdruck. Frankfurt: Campus Verlag.

Ismail, S.; Malone, M. S.; van Geest, Y. (2014). *Exponential Organizations. Why New Organizations are Ten Times Better, Faster, and Cheaper Than Yours (and what to Do about It)*. New York: Diversion Books.

Ismail, S.; Malone, M. S.; van Geest, Y. (2017). *Exponentielle Organisationen. Das Konstruktionsprinzip für die Transformation von Unternehmen im Informationszeitalter*. München: Franz Vahlen Verlag.

Organisationen der Zukunft:

Dignan, A. (2019). *Brave New Work. Are You Ready to Reinvent Your Organization?* New York: Penguin.

Laloux, F. (2014). *Reinventing Organizations: A Guide to Creating Organizations Inspired by the Next Stage of Human Consciousness*. Brussels: Nelson Parker.

Laloux, F. (2015). *Reinventing Organizations. Ein Leitfaden zur Gestaltung sinnstiftender Formen der Zusammenarbeit*. München: Franz Vahlen Verlag.

Oestereich, B.; Schröder, C. (2017). *Das kollegial geführte Unternehmen. Ideen und Praktiken für die agile Organisation von morgen*. München: Franz Vahlen Verlag.

Persönliche Effektivität:

Allen, D. (2015). *Getting Things Done. The Art of Stress-free Productivity*. Revised. New York: Penguin LLC US.

Allen, D. (2015). *Wie ich die Dinge geregelt kriege. Selbstmanagement für den Alltag*. Überarbeitete Neuausgabe. München: Piper Verlag.

Covey, S. R. (2013). *The 7 Habits of Highly Effective People. Powerful Lessons in Personal Change*. 25th Edition. New York: Simon & Schuster.

Covey, S. R. (2018). *Die 7 Wege zur Effektivität. Prinzipien für persönlichen und beruflichen Erfolg*. 52. Erweiterte und überarbeitete Neuauflage. Offenbach: Gabal Verlag GmbH.

Purpose:

Sinek, S. (2009). *Start with Why. How Great Leaders Inspire Everyone to Take Action*. New York: Penguin Publishing.

Sinek, S. (2014). *Frag immer erst: warum. Wie Top-Firmen und Führungskräfte zum Erfolg inspirieren*. München: Redline Verlag.

Scrum:

Sutherland, J. (2014). *Scrum. The Art of Doing Twice the Work in Half the Time.* New York: Crown Business.

Sutherland, J. (2015). *Die Scrum-Revolution. Management mit der bahnbrechenden Methode der erfolgreichsten Unternehmen.* Frankfurt: Campus Verlag.

Spiral Dynamics:

Beck, D. E.; Cowan, C. C. (2005) *Spiral Dynamics – Mastering Values, Leadership and Change.* Malden: Wiley-Blackwell.

Beck, D. E.; Cowan, C. C. (2017). *Spiral Dynamics – Leadership, Werte und Wandel. Eine Landkarte für Business und Gesellschaft im 21. Jahrhundert.* 8. Auflage. Bielefeld: Kamphausen Media GmbH.

Systemische Organisationsentwicklung:

König, E.; Volmer, G. (2014). *Handbuch Systemische Organisationsberatung. Grundlagen und Methoden.* 2. Auflage. Weinheim: Beltz Verlag.

Transformation:

Otto Scharmer, C. (2016). *The Theory U. Leading from the Future as it Emerges. The Social Technology of Presencing.* 2nd Edition. Oakland: Berrett-Koehler Publishers.

Otto Scharmer, C. (2014). *Theorie U. Von der Zukunft her führen. Presencing als soziale Technik.* 4. Auflage. Heidelberg: Carl-Auer Verlag.

Anderson, D.; Ackerman Anderson, L. (2010). *Beyond Change Management. How to Achieve Breakthrough Results Through Conscious Change Leadership.* 2nd Edition. San Francisco: Pfeiffer.

New-Work-Glossar

4 Spaces

In diesem auf Ken Wilber zurückgehenden Modell, das später von Christiane Seuhs-Schöller und Tom Thomison weiterentwickelt wurde, werden 4 Räume (oder Spaces) menschlicher Interaktion voneinander unterschieden: einmal der operative Raum, in dem alle Arbeit stattfindet (wie z. B. Austausch von Informationen, Erledigen von Aufgaben), daneben der → *Governance*-Raum (Steuerungsraum), in dem die Struktur der Organisation verändert wird (durch z. B. Schaffen neuer Rollen und Regeln). Zwei weitere Räume beziehen sich auf die menschlichen Beziehungen: einmal der individuelle Raum, in dem Selbstreflexion, persönliches Wachstum, emotionale Prozesse stattfinden, die nur mit mir als Individuum zu tun haben, daneben der Beziehungsraum, in dem alle zwischenmenschlichen Belange liegen und mit ihnen auch Konflikte. Grundgedanke der 4 Spaces ist, dass es wichtig ist, stets zu unterscheiden, in welchem dieser Räume eine Sache liegt und wo und mit welchen Mitteln sie entsprechend gehandhabt werden sollte.

Absichtserklärung (engl. intent)

In klassisch-hierarchischen Organisationen muss in der Regel eine Führungskraft um Erlaubnis gefragt werden, ehe ein*e Mitarbeitende*r eine wichtige Entscheidung treffen kann. Die Idee von Absichtserklärungen legt mehr → *Verantwortung* in die Hände des*der Erklärenden, also des*der Mitarbeitenden. Anstatt nach Zustimmung zu fragen, wird nun eine Absicht erklärt: »Ich habe vor, ... zu tun.« Es wird nur noch nach → *Sicherheitsbedenken* gefragt. Bekannt geworden durch das Buch *Turn the Ship Around*, wird die Absichtserklärung oft als einfaches Mittel angeführt, um → *Empowerment* und Lösungsorientierung in die Kultur einer Organisation zu bringen.

Accountability (dt. Verantwortlichkeit)

Wenn ich für etwas *accountable* bin, dann können andere sich darauf verlassen, dass ich es im Blick behalte. »*They can count on me to take care of it*« ist im Englischen eine Merkhilfe. Sollen Verantwortlichkeiten klar zugeordnet werden, ist es hilfreich, solche Accountabilities in Form von Tätigkeitsbeschreibungen festzuhalten. »Überweist monatlich die Gehälter« oder »Stellt sicher, dass abends alle Lichter aus sind« sind Beispiele für klar umschriebene Accountabilities.

Achtsamkeit (engl. mindfulness)

Achtsamkeit ist ein wichtiger Bestandteil von → *New Work* und → *Agilität*. Das bewusste Erleben und der bewusste Umgang mit sich selbst und der Welt ringsum sind grundlegend, um erlernte Arbeits- und Verhaltensmuster zu verändern. Durch ein achtsames und nicht beurteilendes Wahrnehmen eigener Empfindungen ist es möglich, sich auf den Moment einzulassen, präsent zu sein sowie auf sich und andere zu achten. Praktiken wie Meditation können dabei helfen, zu sich zu finden und sich zu spüren. In den letzten Jahren hat das Thema Achtsamkeit am Arbeitsplatz immer mehr Aufmerksamkeit bekommen.

Advice-Prozess

Ein Entscheidungsformat, das erstmals in Frédéric Laloux' Buch → *Reinventing Organizations* vorgestellt wurde. Ganz ähnlich dem → *Integrative Decision-Making* aus → *Holacracy* geht es hier darum, alle relevanten Perspektiven mit in eine Entscheidung einzubeziehen, ohne dabei einen → *Konsens* anzustreben. Stattdessen entwickelt eine Person einen Vorschlag, holt sich → *Feedback* und integriert ggf. → *Sicherheitsbedenken*, um am Ende alleine eine Entscheidung zu treffen. Mit in den Prozess einbezogen werden üblicherweise alle Menschen, die mindestens eines der beiden Kriterien erfüllen: a) sie verfügen über relevante Informationen für die Entscheidung, b) sie sind von der Entscheidung erheblich betroffen.

Agilität

Agile stammt aus der Softwareentwicklung und bezeichnet eine neue Art der Zusammenarbeit, die nicht mehr auf einen fixen Plan und dessen rigorose Umsetzung setzt. Stattdessen stehen ein gemeinsames Verständnis des gewünschten Ergebnisses und ein ständiges Nachjustieren der Umsetzung im Mittelpunkt. Der Unterschied zwischen agil und flexibel: Flexibel ist, was re-aktiv seine Form verändern kann, dann aber wieder zur Ausgangsform zurückfindet. Agil ist, was pro-aktiv aufgrund äußerer Anforderungen die Form verändert und dann die neue Form beibehält.

Ambidextrie, organisationale

Bedeutet übersetzt Beidhändigkeit, in der Literatur auch unter dem Schlagwort *exploit vs. explore* beschrieben. Bezeichnet die Fähigkeit einer Organisation, gleichzeitig Raum für Innovationen zu schaffen und vorhandene Prozesse effizient umzusetzen. Ein beidhändiges Unternehmen vereint zwei völlig verschiedene Arbeitsweisen unter einem Dach: einmal das fehlervermeidende prozess- und effizienzorientierte Umsetzen auf bekanntem Terrain (*exploit*). Und auf der anderen Seite das risikoaffine, explorative Ausprobieren von Neuem (*explore*). Bei *explore* ist es z. B. wichtig, zu frühes kritisches Denken und den Blick für Fehler zu unterdrücken, was bei *exploit* ein elementarer Bestandteil der Haltung und des Denkens ist.

Arbeit

In der Welt der Organisationen sind damit alle Tätigkeiten gemeint, die unternommen werden, um dem Unternehmenszweck zu dienen. In der Bewegung rund um → *New Work* wird hinterfragt, ob Arbeit im 21. Jahrhundert nicht gänzlich neu gedacht werden sollte. Die dahinterstehenden Überlegungen reichen jedoch weit ins 20. Jahrhundert zurück, und einige Autoren behaupten sogar, jede Generation von Arbeitenden stelle neu infrage, ob sich das Arbeitsverständnis nicht grundlegend verändern müsse. Da die meisten Menschen den größten Teil ihrer Lebenszeit mit Arbeit verbringen, erscheint es in jedem Fall sinnvoll, der Frage, wie wir arbeiten, nachzugehen.

Autokratie

Altgriechisch: Selbstherrschaft. Bezeichnet üblicherweise eine Herrschaftsform, in der eine einzelne Person alle Macht besitzt, Entscheidungen zu treffen. Im Kontext → *New Work* wird gelegentlich die Spielart der verteilten Autokratie ins Feld geführt, also einem Arbeiten in → *Rollen*: Diese Rollen können in ihren Herrschaftsgebieten autokratische → *Entscheidungen* treffen, d. h. sie können sich stets Feedback von anderen holen, sind aber nicht auf deren Zustimmung zu ihren Vorhaben angewiesen.

Betriebssystem

Auf Englisch Operating System (OS), in Anlehnung an Betriebssysteme für Computer. Gemeint ist ein Regelwerk, in dem klar steht, wie die Organisation funktioniert und nach welchen Spielregeln gearbeitet wird. Ein bekanntes Beispiel hierfür ist → *Holacracy*. Dort ist in Form einer Verfassung festgelegt, wie → *Verantwortung* in einer Organisation verteilt wird, wie Entscheidungen getroffen, Meetings abgehalten werden usw. Es gibt für alles eine Regel und für Grenzfälle Eskalationsmechanismen (»Wenn Prozess A nicht funktioniert, verwende Prozess B.«). Oftmals wird mit Betriebssystem auch etwas abstrakter die Art und Weise bezeichnet, nach der eine Organisation funktioniert. D. h. in dem Sinne kann (anders als in der Software-Analogie) mit Betriebssystem fast alles gemeint sein von klar kodifiziertem Regelwerk, dem alles Verhalten folgen soll, zu einer groben Festlegung der Werte, die eine Organisation charakterisieren.

Beziehungsraum

siehe → *4 Spaces*

BWL (Betriebswirtschaftslehre)

Ein Hochschulstudiengang aus den Wirtschaftswissenschaften, in dem gelehrt wird, wie wirtschaftliche Unternehmen funktionieren. Oftmals wird der BWL unterstellt, sie fokussiere zu stark auf das → *Geld* als wirtschaftliche Zielgröße und lege ihren Betrachtungen eine unzureichende Sicht auf den → *Menschen* zugrunde.

Check-in und Check-out

Zwei Rituale in Meetings: Der Check-in gibt allen die Möglichkeit, im Raum anzukommen, emotionales Gepäck abzugeben und sich ganz und gar dem Termin zu widmen. Typische Fragen, die Teilnehmende reihum beantworten können, sind: »Wie fühle ich mich gerade, wie bin ich hier?«, oder: »Was hat meine Aufmerksamkeit?« Beim Check-out kommt ebenfalls jede*r zu Wort, um das Meeting abzuschließen, gemeinsam zu reflektieren und für die Zukunft zu lernen. Typische Fragen, die hier beantwortet werden: »Wie gehe ich aus dem Meeting?«, oder: »Was wünsche ich mir fürs nächste Mal?«

Clear-the-Air-Meeting (CTA)

Ein Meeting-Format, entwickelt von Georg Tarne im Sozialunternehmen Soulbottles. Das Format basiert auf der → *Gewaltfreien Kommunikation* und dient dazu, interpersonelle → *Spannungen* aufzulösen. Ein CTA sollte von einer geschulten und möglichst erfahrenen Person begleitet werden. Da es hier um Konflikte und Emotionen geht, kann das Meeting ansonsten zu Schaden führen.

Coach*in

Eine → *Rolle*, die in vielen Organisationen zunehmend an Bedeutung gewinnt: Ein*e Coach*in gibt Mitarbeitenden in einem Unternehmen den Raum, den sie brauchen, um sich selbst und die eigene Entwicklung zu reflektieren. So kann ein*e Coach*in dabei helfen, mehr → *Achtsamkeit* zu entwickeln oder auch bessere → *Führung*skompetenzen. In einigen

Organisationen wird die Coaching-Rolle standardmäßig in jedem Kreis oder → *Team* angelegt, um sicherzustellen, dass diese Funktion genügend Aufmerksamkeit bekommt.

Command and control

siehe → *Mindset*

CRM (customer relationship management)

Auf Deutsch Kundenbeziehungsmanagement, durch welches Unternehmen gezielt die Beziehungen zu ihren Kunden in den Blick nehmen, um diese zu pflegen und zu optimieren. Dem liegt i. d. R. die Annahme zugrunde, dass die Beziehungen zu den Kunden eine wertvolle → *Ressource* des Unternehmens sind und deren Pflege somit → *Priorität* hat.

Definition of Done (DoD)

Ein → *agiles Werkzeug*, das eine bessere Zusammenarbeit ermöglichen soll. Es geht darum, möglichst genau (und anhand klarer Kriterien messbar) festzulegen, wann ein Projekt abgeschlossen ist. Das ist besonders dann wichtig, wenn agil gearbeitet wird, das heißt, wenn der Weg zum Ziel ständig angepasst und täglich neu ausgehandelt wird. Damit das Ergebnis am Ende dennoch stimmt, ist es wichtig, dieses für alle klar festzuhalten und zwar so, dass anhand klarer Kriterien bestimmt werden kann, wann es erreicht ist.

Design-Thinking

Eine Ansammlung von Methoden bzw. ein → *Mindset*, das die Arbeitsweise von Produkt-Designern auf das Lösen von Problemen aller Art überträgt. Im Design-Thinking geht es unter anderem darum, die Nutzer*innensicht in den Vordergrund zu stellen, → *Menschen* und ihre Bedürfnisse zu verstehen, viele Ideen und unterschiedliche Standpunkte zuzulassen und Annahmen immer wieder zu überprüfen und zu verwerfen.

Doppelte Verknüpfung

Ursprünglich in der → *Soziokratie* eingeführtes Prinzip: Kreise, also Teams, haben immer eine → *Rolle*, die nach innen führt sowie eine*n Repräsentant*in oder ein*e Deligierte*n, der*die den Kreis nach außen vertritt. Die Rolle, die nach innen führt (in → *Holacracy* heißt diese Rolle → *Lead-Rolle*) nimmt Informationen aus der Außenwelt auf und verarbeitet sie im Kreis, z. B. indem sie neue Rollen und Prioritäten festlegt. Die repräsentierende Rolle verhält sich genau andersherum: Sie nimmt alle → *Spannungen* auf, die im Kreis entstehen, aber nicht dort gelöst werden können, und löst sie auf nächsthöherer Ebene (bzw. im umliegenden Kreis). Sozusagen ein Good-Cop-Bad-Cop-Modell. Wer hier good und bad ist, ändert sich aber, je nachdem, ob man sich im inneren oder äußeren Kreis befindet.

Ego

Im wissenschaftlichen Sinne das Ich oder das Selbst. Im Kontext von Arbeit (und auch alltagssprachlich) wird hiermit meist umschrieben, wenn Menschen sich selbst und ihre Person in den Vordergrund stellen und nicht die Sache selbst (wie z. B. den → *Purpose* der → *Organisation*). In dem Sinne fordern Organisationen der Zukunft weniger Ego und stattdessen mehr Achtsamkeit und → *emotionale Kompetenz*.

Eigenverantwortung

Im Kontext von Arbeit ist damit gemeint, → *Verantwortung* für sich selbst, die eigenen Gefühle und

Reaktionen zu übernehmen, beispielsweise → *Spannungen* anzusprechen. Es bedeutet auch, → *proaktiv* statt reaktiv oder in einer Opferhaltung zu sein.

Entscheidungen

Die Fähigkeit und Möglichkeit, Entscheidungen zu treffen, sind die wesentlichen Folgen von → *Macht* bzw. → *Verantwortung*: Wer Macht besitzt, kann Entscheidungen treffen. Wer Verantwortung trägt, muss sie vielleicht sogar treffen. Entsprechend gilt: Wer die Verteilung von Macht und Verantwortung in einer Organisation verändern möchte, muss auch verändern, wie Entscheidungen getroffen werden. Einfache Änderungen wie das → *Konsent*-Prinzip oder das Prinzip der → *Absichtserklärung* können dabei helfen, durch Entscheidungsprinzipien Verantwortung gleichmäßiger in einer Organisation zu verteilen.

Emotionale Kompetenz

Bedeutet meist, Gefühle an sich selbst und bei anderen wahrzunehmen und steuern zu können. Das hat einerseits mit → *Achtsamkeit* zu tun, andererseits mit Empathie, also der Fähigkeit, sich einzufühlen. In diesem Zusammenhang wird auch oft von Mitgefühl gesprochen, bzw. im Englischen *compassion* (und damit einhergehend auch mit *compassionate leadership*). In Organisationen der Zukunft zunehmend als wichtige → *Führung*skompetenz gesehen.

Empowerment

Positiv betrachtet wird hiermit eine gleichmäßigere Verteilung von → *Verantwortung* im Unternehmen beschrieben. Kritiker*innen bemängeln jedoch, dass der Begriff Empowerment eine hierarchische Beziehung impliziere: Eine Person besitzt die Macht/Power und teilt sie punktuell mit einer anderen. Ein Organisationsmodell, das bspw. auf → *Rollen* basiert, geht hier anders vor: Die Macht steckt in den Rollen, die auf alle Mitglieder der Organisation verteilt werden; also ist kein Empowerment durch eine* Vorgesetzte*n mehr nötig.

Facilitator

Eine wichtige Rolle, die dazu beitragen kann → *Meetings* effektiver zu gestalten. Ein Facilitator ist dazu da, den Fokus der Teilnehmenden auf das zu lenken, was dem Zweck des Meetings am meisten dient. In einem klar definierten Meeting-Format wie dem → *Sync-Meeting* oder → *Governance-Meeting* besteht die Rolle des Facilitators darin, die vereinbarten Ziele des Meetings durchzusetzen und der festgelegten Struktur des Meetings zu folgen. Die Facilitator-Rolle stellt Fragen, erteilt Teilnehmenden des Meetings das Wort und steuert allgemein über Körpersprache und Kommunikation das Meeting mit dem Ziel, zum gewünschten Ergebnis zu kommen.

Feedback

Im Kontext der → *Arbeit* sind hiermit alle Rückmeldungen gemeint, die einer Person dabei helfen sollen, ihr eigenes Verhalten besser zu reflektieren. Feedback kann zwischen Kolleg*innen stattfinden, es kann zwischen Hierarchiestufen stattfinden (in beide Richtungen) und sich auf die Arbeitsleistung einer Person beziehen oder einen anderen Fokus haben (wie z. B. die persönliche Entwicklung). Je mehr → *Verantwortung* in einer Organisation verteilt wird, desto wichtiger ist es, dass die → *Menschen* in der Organisation einen guten Blick darauf haben, wie ihre Arbeit von anderen wahrgenommen wird. Entsprechend bekommt Feedback einen höheren Stellenwert. Viele Organisationen schaffen spezielle → *Meeting*-Routinen, um sicherzustellen, dass genügend relevantes Feedback durch die Organisation fließt.

Framework

Auf Deutsch Ordnungsrahmen, Gerüst. Im Kontext von Organisationen erlauben Modelle, Komplexität zu reduzieren und eine komplexe Sache zu strukturieren. Das Framework selbst ist dabei nur der Rahmen, der noch mit Inhalten gefüllt werden muss.

Führung

Führung bezeichnet alle Tätigkeiten, die dazu gedacht sind, in einer → ***Organisation*** Orientierung zu schaffen. Klassischerweise wurden Führungsaufgaben in → ***Manager*innen***-Rollen verpackt. Heutzutage verwenden viele Organisationen dagegen verteilte Führung, d. h. überall in der Organisation findet Führung statt, und zwar aus Rollen heraus.

Gehalt

Ein häufig diskutiertes Thema im Kontext → ***New Work***. Wo mehr Gleichberechtigung herrscht, wird auch oft der Wunsch laut, Gehälter transparent zu machen und der → ***Selbstorganisation*** zu überantworten. Oftmals kommt es jedoch zu Problemen, wenn das (schwierige) Thema Gehalt angegangen wird, ehe die Organisation die Kompetenz entwickelt hat, → ***Spannungen*** und → ***Konflikte*** konstruktiv zu lösen.

Geld

Universelles Tauschmittel, vom → ***Menschen*** erfunden. Hat in der Welt von → ***Organisationen*** einen großen Stellenwert erlangt, einige Autor*innen kritisieren, dass moderne Unternehmen nur noch des Geldes wegen existieren. Diese Beobachtung steht oft im Zusammenhang mit der Forderung nach mehr → ***Sinn***-Bezug.

Gewaltfreie Kommunikation (GFK)

Ein auf Marshall B. Rosenberg zurückgehendes Modell der einfühlsamen Kommunikation, das Bedürfnisse und deren Erfüllung in den Mittelpunkt stellt, genauso wie eine empathische, wertschätzende Haltung.

Getting Things Done (GTD)

Dahinter verbirgt sich das Produktivitätssystem nach David Allen, das viele einfache Konzepte (wie das Denken in Projekten und → ***Nächsten Schritten***) in ein Gesamtsystem überführt. Das Ziel ist eine »stressfreie Produktivität« oder ein »*mind like water*«, also ein Geist, der ruht und auf alle äußeren Impulse so reagiert wie Wasser auf einen Stein, der durch die Oberfläche fällt: immer mit dem angemessenen Einsatz an Energie, um die Oberfläche wieder zur Ruhe zu bringen.

Governance-Meeting

Ein Meeting-Typ aus → ***Holacracy***, der → ***Integrative-Decision-Making*** nutzt, um Entscheidungen zu treffen, die nicht die → ***Arbeit*** selbst betreffen, sondern die Struktur der Organisation. Im Governance-Meeting werden → ***Rollen*** geschaffen und verändert, Regeln aufgestellt und generell *an* der Organisation gearbeitet (nicht *in* der Organisation, siehe dazu → ***Sync-Meeting***).

Haltung

Gelegentlich synonym mit dem englischen Wort → ***Mindset*** verwendet. Anders als Mindset drückt eine Haltung jedoch auch eine moralische Komponente aus, die mit der physischen Bedeutung von Haltung (i. S. v. Körperhaltung) zu tun hat: Mindset bezieht sich mehr auf innere Glaubenssätze, eine Art, auf die Welt (und sich selbst) zu sehen. Haltung hingegen ist oft aktiver gemeint: Ich habe eine Haltung zu einer Sache, d. h. ich bin ihr zugewandt oder stehe ihr ablehnend gegenüber. Eine Haltung zu haben oder auch Haltung zu zeigen, wird oft positiv gelesen, wohingegen ein Mindset als Begriff eher neutral zu verstehen ist.

Heuristik

Heuristiken sind Hilfestellungen, die es erlauben, mit begrenztem Wissen und unter Zeitdruck Entscheidungen zu treffen. Oftmals auch als Daumenregeln bezeichnet, reduzieren Heuristiken Komplexität, indem sie schwierige Sachverhalte auf eine einfache Formel bringen. Diese Vereinfachungen können zu Fehlern führen, in unübersichtlichen Umfeldern erlauben sie es dennoch, oft bessere Entscheidungen zu treffen. Auch das menschliche Gehirn macht sich Heuristiken zunutze, um effizienter zu sein und Rechenleistung zu sparen. Im Kontext von → ***Strategie***arbeit können Heuristiken eingesetzt werden, um in einem dezentralen System → ***Prioritäten*** möglich zu machen: A > B, *Geschwindigkeit vor Perfektion* oder *Kundenzufriedenheit vor Umsatz* sind Beispiele für Heuristiken, die es Beschäftigten vereinfachen, in komplexen Umfeldern Entscheidungen zu treffen. Wichtig ist dabei, dass strategische Heuristiken sich ändern, wenn sich die Strategie bzw. Prioritäten einer Organisation verändern.

Hierarchie

Ein allgemeines Ordnungsprinzip von Organisationen. Laut Wikipedia lässt sich Hierarchie so definieren: »Hierarchie ist eine stufenmäßig auf Überordnung und Unterordnung beruhende Ordnung, die auf Herrschaft und Unterwerfung aufbaut. Die Elemente dieser Ordnung sind in vertikaler Reihung nach Bedeutung für die Entscheidungsmacht, Kompetenzen und Rang positioniert.« Oftmals wird fälschlich angenommen, dass in neueren Formen der Zusammenarbeit das Prinzip der Hierarchie gänzlich überwunden werde. In der Regel ist es allerdings nur so, dass die hierarchische Sortierung der → ***Menschen*** aufgegeben wird, allerdings durchaus eine hierarchische Ordnung zwischen → ***Rollen*** bestehen bleibt. Die Sache ist komplex, da die Rollen-Hierarchie von der jeweiligen Situation abhängt: Geht es um Verantwortungsbereich A, der zur Rolle a gehört, kann diese eine → ***autokratische*** Entscheidung treffen. Geht es hingehen um Verantwortungsbereich B, der zur Rolle b gehört, steht diese an der Spitze der Entscheidungshierarchie.

Holacracy/Holakratie

Ein unter anderem auf → ***Soziokratie*** und → ***Getting Things Done*** beruhendes Betriebssystem für Organisationen, das ursprünglich aus der Softwareentwicklung stammt. In der → ***New-Work***-Szene geläufiger Begriff, wenngleich es sehr wenige größere Unternehmen gibt, die holakratisch organisiert sind.

Human Resources (HR)

Mit Humankapital wird in der → ***BWL*** der Teil einer Organisation umschrieben, der aus den Menschen, ihren Qualifikationen und dem in ihnen gespeicherten Wissen besteht. Diese Betrachtung steht im Widerspruch zu einer menschen-zentrierten Sichtweise, nach der die Menschen die Organisation ausmachen und nicht eine → ***Ressource*** sind, die von dieser genutzt werden kann. Das ist auch ein Grund, wieso viele Unternehmen Abstand von dem Begriff HR nehmen und ihre Personalbereiche z. B. People-Kreis nennen.

Impact (dt. Stoß, Wirkung, Einschlag)

Oftmals wird damit im Kontext von Nachhaltigkeit beschrieben, welche positive oder negative Auswirkung z. B. ein Unternehmen oder eine Handlung auf ein größeres Gesamtsystem hat (den Planeten, die Gesellschaft ...).

Integrative-Decision-Making (IDM)

Zu Deutsch: integratives Entscheiden. Ein wichtiges Werkzeug, um in einer Gruppe Entscheidungen treffen zu können. Es basiert auf dem → *Konsent*-Gedanken, der wiederum → *Sicherheitsbedenken* als wesentliches Element enthält. Durch integratives Entscheiden werden Vorschläge schnell entwickelt, weiterentwickelt, verschiedene Standpunkte und ggf. Sicherheitsbedenken integriert, immer mit dem Ziel, am Ende zu einem nutzbaren Ergebnis zu kommen. Unter dem Namen IDM in → *Holacracy* enthalten, in seiner Logik jedoch bereits in der → *Soziokratie* angelegt.

Jobtitel

Anders als → *Rollen* sind Jobtitel in der Regel relativ starr: Eine Person hat einen Jobtitel, mit dem sie sich schmückt und der entweder die wesentliche Tätigkeit umschreibt und/oder zum Ausdruck bringt, auf welcher Stufe einer Hierarchie sich die Person befindet. So haben einige Firmen z. B. den Jobtitel Senior Vice President (SVP) ins Leben gerufen, ebenso valide wären Titel wie Senator*in, Kaiser*in oder Donut.

Kommunikation

siehe → *Sprache*

Konflikte

In der Arbeit mit → *Menschen* kommt es häufig zu Konflikten. Ein Konflikt liegt immer dann vor, wenn zwei Personen nicht einfach nur unterschiedlicher Meinung sind, sondern zwei Standpunkte – zumindest auf den ersten Blick – als unvereinbar erscheinen. Häufig geht ein Konflikt auch mit starken emotionalen Reaktionen einher und einer Belastung der zwischenmenschlichen Beziehung. Modelle wie → *GFK* können dabei helfen, Konflikte konstruktiv aufzulösen und dabei Sach- und Beziehungsebene klar voneinander zu trennen, was die Wahrscheinlichkeit erhöht, eine → *Win-win-Lösung* zu finden.

Konsens

Ein Entscheidungsprinzip, nach dem eine Entscheidung nur dann getroffen wird, wenn alle Mitglieder einer Gruppe zustimmen. Nicht zu verwechseln mit → *Konsent*.

Konsent

Ein Entscheidungsprinzip, das nicht die Ja-Stimmen in den Fokus nimmt, wie bspw. der → *Konsens* oder das Mehrheitsprinzip. Stattdessen wird hier nur nach Nein-Stimmen gefragt, genauer gesagt nach → *Sicherheitsbedenken*. Liegen solche vor, wird integriert, d. h. die Person mit dem Sicherheitsbedenken und die Person, die den ursprünglichen Vorschlag gemacht hat, müssen gemeinsam eine alternative Lösung finden, die das Sicherheitsbedenken auflöst.

Kreismodell

Anders als in der → *Pyramide* und → *Matrix-Organisation* werden in diesem Modell die Teile der Organisation nicht als Kästchen gemalt, sondern als Kreise, in denen wiederum weitere Kreise liegen können bzw. Rollen. Üblicherweise werden in dieser Darstellungsform nicht Personen, sondern Rollen als kleinste Einheit eingezeichnet, was den Vorteil hat, dass auch eine Organisation abgebildet werden kann, in der eine Person mehrere Rollen innehat. Anwendung findet diese Art der Darstellung z. B. in → *Holacracy*.

Kultur

Im Kontext von Arbeit bedeutet Kultur in der Regel, welche geteilten Werte, Normen und Überzeugungen im Unternehmen gelten und Einfluss auf das kollektive Verhalten nehmen. Die Bedeutung der Unternehmenskultur wird gerne in Peter Druckers Zitat zusammengefasst: »*Culture eats strategy for breakfast*«, womit wohl gesagt werden soll, dass eine starke Kultur mehr Einfluss auf den Erfolg haben kann als jede noch so kluge Strategie. Was dabei gelegentlich übersehen wird: Kultur zu verändern, ist eine große Herausforderung. Der naheliegende Weg, einfach alle wünschenswerten Werte und Überzeugungen aufzuschreiben und sie an alle Mitarbeitenden in Form eines Manifests zu kommunizieren, hat dabei meist einen geringen Effekt.

Lead-Rolle

In → *Holacracy* eine der Standardrollen, mit denen die klassische Führungsperson bzw. der*die Manager*in ersetzt wird. Die Lead-Rolle (oder auch Kreis-Lead) ist zuständig dafür, den → *Purpose* des Kreises im Blick zu behalten, → *Strategien* und → *Prioritäten* festzulegen, den Kreismitgliedern Leistungsfeedback zu geben, Rollen zu besetzen und Ressourcen-Entscheidungen zu treffen. Wesentlicher Unterschied zu einer klassischen Führungsrolle ist, dass die Lead-Rolle nicht in die Autonomie der Rollen eingreifen kann. D. h. sie kann zwar Prioritäten festlegen und Feedback geben, aber niemals einem der Kreismitglieder sagen, wann es was wie machen soll. Außerdem gibt es weitere Standard-Rollen wie den → *Facilitator und* → *Secretary*, die Aspekte der klassischen Führungsrolle übernehmen.

Macht

Oftmals negativ konnotiert und mit einer Konzentration auf eine oder wenige Personen in Verbindung gebracht, was den Verdacht nahelegt, dass Macht missbraucht wird oder → *Menschen* korrumpiere und in ihrem → *Ego*-Bestreben stärke. Etwas neutraler betrachtet ist Macht eine Facette der → *Verantwortung*: Wer Macht besitzt, kann → *Entscheidungen* treffen und Dinge durchsetzen. Im Kontext → *New Work* wird oftmals davon ausgegangen, dass eine gleichmäßigere Verteilung von Verantwortung und damit auch Macht sinnvoll sei.

Management

Ein Wort, das viel Spielraum für Interpretationen lässt. Eine häufige Auffassung sieht so aus, dass Manager*innen in einer arbeitsteiligen Welt dazu da sind, die Planung und Überwachung von Prozessen zu steuern, wohingegen alle Nicht-Manager*innen zu deren Ausführung da sind. Inzwischen werden jedoch auch kleinere Arbeitsbereiche (wie bspw. Toiletten oder Teeküchen) gemanagt, sodass kreativere → *Jobtitel* an die Stelle des*der Manager*in getreten sind. Generell hatte der*die Manager*in seinen*ihren Karrierehöhepunkt in den 1980er Jahren und hat seitdem kontinuierlich an Ansehen eingebüßt.

Matrix-Organisation

Hat leider keinen Bezug zum Film *Matrix*. Die Matrix-Organisation war die Antwort auf die Frage, wie sich komplexere Anforderungen mit den bekannten, linear gedachten Methoden der klassischen → *Management*-Lehre beantworten lassen. In einer Matrix-Organisation kann eine Person gleichzeitig mehrere Chef*innen haben, es gibt nicht mehr nur einen Zuschnitt, wie in der → *Pyramide*, die allein von oben nach unten organisiert ist. In der Matrix gibt es zwei Richtungen, die Befehlsketten laufen von oben nach unten, aber auch von links nach rechts oder andersrum. Manche Autor*innen sind der Ansicht, dass sich mit den Möglichkeiten der Matrix-Organisation auch alles abbilden ließe, was heute in Netzwerkstrukturen (wie z. B. dem → *Kreismodell*) dargestellt wird. Man müsse dazu lediglich weitere Dimensionen einführen, also die Matrix in eine Würfelstruktur überführen und den Würfel dann in einem n-dimensionalen Raum weiterdenken.

Menschen

Im BWL-Studium verächtlich als Humankapital bezeichnet, sind sie in Wahrheit das, was eine → *Organisation* ausmacht. Menschen sind widersprüchliche Wesen, dank ihres großen Gehirns zwar grundsätzlich in der Lage, rational zu denken und faktenbasierte Entscheidungen zu treffen. Aber auch emotionsgesteuert und grundsätzlich anders gestrickt als Maschinen und Roboter. Viele Organisationen sind auf der Annahme begründet, dass Menschen allein durch → *Geld* zu motivieren seien bzw. durch ein Regime der Kontrolle davon abgehalten werden müssen, Dinge zu tun, die den Interessen einer Organisation schaden. Im Kontext von → *New Work* kommen Menschen zunehmend zu der Ansicht, Menschen können auch auf der Basis innerer → *Motivation* Sinnvolles tun und ähnliche Interessen haben wie die Organisation selbst. Als Voraussetzung dafür wird oft genannt, dass die Organisation selbst einen tieferen → *Sinn* hat.

Meetings

Im Grunde jedes Zusammenkommen von zwei oder mehr Personen im Kontext der Arbeit. Etwas spezifischer sind damit alle Regeltermine gemeint, die innerhalb eines Teams oder anderen Personenkreisen stattfinden, sowie alle anlassgebundenen Besprechungstermine, in die sich zwei oder mehr Personen begeben. In Meetings werden Informationen ausgetauscht, Entscheidungen getroffen, Ideen und Konzepte entwickelt, aber oftmals keine konkreten Arbeitsergebnisse geschaffen. Deshalb entsteht oft der Eindruck, dort finde keine → *Arbeit* im eigentlichen Sinne statt. In vielen Organisationen verbringen die meisten Menschen den überwiegenden Teil ihrer Zeit in Meetings, was einerseits zu → *Spannungen* führen kann (»Wir verbringen zu viel Zeit in Meetings, kommen nicht zum Arbeiten«), andererseits liegt hierin auch eine Chance: Kleine Verbesserungen in Meetings, wie das Einführen einer → *Facilitator-Rolle* können einen großen Effekt auf die Produktivität und → *Motivation* in einem Unternehmen haben.

Mindfulness

siehe → *Achtsamkeit*

Mindset

Gelegentlich synonym mit der deutschen → *Haltung* verwendet, was nicht ganz korrekt ist. Mit Mindset meinen wir hier einen grundlegenden Glaubenssatz, mit dem Menschen auf sich selbst und andere Menschen blicken. Dieser Glaubenssatz kann auch einem ganzen organisationalen → *Betriebssystem* zugrunde liegen. Im Kontext der Arbeit der Zukunft wird oft vereinfachend gesagt, dass das bisherige Paradigma, also Mindset, das in vielen Organisationen vorherrscht, sich als *predict and control* oder auch *command and control* bezeichnen lässt, wohingegen nun zunehmend ein neues Mindset namens *sense and respond* an dessen Stelle trete. Im alten Paradigma wurden Pläne geschmiedet und dann in der Umsetzung kontrolliert und nachgehalten, im Zusammenhang mit einer klaren Befehlshierarchie. Das neue Paradigma hingegen setzt auf weniger bzw. eine andere Art von Planung: Das Zielbild ist klar, auf dem Weg dorthin wird jedoch immer wieder auf Kontextveränderungen und neue Informationen reagiert und der Plan somit angepasst. Dieses Mindset wird oft in Zusammenhang mit einer weniger hierarchischen, dezentraleren Organisation gebracht.

Moderator*in

siehe → *Facilitator*

Motivation

Oftmals in intrinsische und extrinsische Motivation unterschieden, in dem Sinne, dass intrinsische Motivation bedeutet, dass die Sache (in diesem Fall die Arbeit) selbst motivierend sei und extrinsische Motivation eines zusätzlichen, externen Anreizes bedürfe (wie Geld). Je nach → *Mindset* wird in Unternehmen – im einen Extrem – davon ausgegangen, dass Menschen grundsätzlich nur produktiv sind, wenn sie extern motiviert werden. Im anderen Extrem wird davon ausgegangen, dass jeder Mensch genügend Begeisterungsfähigkeit und inneren Antrieb mitbringt, um sich selbst zur Arbeit motivieren zu können. Manche Autor*innen behaupten, Menschen würden durch Schule und Universität dazu erzogen, ihre innere Motivation abzulegen und müssten daher, z. B. in einem selbstorganisierten Kontext ohne Manager*innen, erst wieder lernen, aus innerer Motivation heraus zu handeln.

Murmelgruppe

Damit meinen wir im Kontext von beispielsweise Workshops eine Kleingruppe ab zwei Personen, die sich murmelnd zu einem bestimmten Thema austauscht, um es zu reflektieren und zu vertiefen. Oftmals einer Diskussion im Plenum vorzuziehen, weil so aktiver reflektiert und gelernt werden kann, wohingegen im Plenum die meisten Gruppenmitglieder nur passiv zuhören würden.

Nächste Schritte/Next Actions

Im Produktivitätssystem → *Getting Things Done* (und auch außerhalb davon) sind nächste Schritte die kleinste Arbeitseinheit. Ein nächster Schritt bezeichnet eine Aufgabe, die so konkret beschrieben ist, dass sie unmissverständlich und ohne weitere Instruktion ausgeführt werden kann. Dabei ist sie so klein, dass sie kaum Anstrengung erfordert. Typischerweise sollte sie allerhöchstens eine Stunde in Anspruch nehmen.

New Work (dt. Neue Arbeit)

New Work ist ein ursprünglich von Frithjof Bergmann in den 1970er Jahren geprägter Begriff. Heute wird er allerdings teils stark von Bergmanns Verständnis abweichend interpretiert. Ihm ging es um ein ganz neues Arbeitsverständnis: Menschen sollten sich aus der Knechtschaft der Lohnarbeit befreien und künftig mehr Zeit für Teilhabe an der Gemeinschaft haben. Ähnlich überdenken auch Autoren wie Frédéric Laloux und Schulen wie → *Spiral Dynamics* unser Verständnis von Arbeit und sprechen von einer gänzlich neuen Bewusstseinsstufe, auf die die Menschheit sich gerade zubewege. Im weiteren Sinne wird mit New Work allerdings alles beschrieben, was sich im Rahmen der Digitalisierung an Veränderungen im Kontext der Arbeit ergibt. Im schlimmsten Fall wird darunter eine Arbeit verstanden, die den Menschen noch mehr einnimmt und dementsprechend weniger Raum für gesellschaftliche Teilhabe lässt, mit dem Unterschied, dass diese Arbeit nun auch von zu Hause aus geschehen kann und unter Einsatz moderner Technologien. Das Wirtschaftsmagazin *brandeins* brachte dieses Dilemma in einem Titel zum Ausdruck: »Neue Arbeit ... ist mehr als alte Arbeit mit Internetanschluss.« Synonym zu New Work werden gelegentlich auch Begriffe wie *Arbeit der Zukunft* oder, falls es mehr um die Unternehmensperspektive geht, *Organisationen der Zukunft* verwendet.

Objectives and Key-Results (OKR)

Ein Zielsystem, das in den letzten Jahren zunehmend in Mode gekommen ist, obwohl es schon einige Jahrzehnte alt ist (1983 schrieb Andy Grove erstmals darüber, wie Intel mit OKRs arbeitete). Als Grund für die Popularität wird häufig genannt, dass das System ab 1999 bei Google erkundet und eingesetzt wurde. Die Grundidee von OKR ist, dass eine Organisation in bestimmten Zyklen eine kleine Anzahl Objectives definiert, die festlegen, an welchen groben Zielen gearbeitet werden soll. Ein Objective ist zunächst ein abstraktes Ziel (z. B. »Reichweite in sozialen Medien erhöhen«), das dann durch eine kleine Anzahl (plus/minus drei) Key-Results messbar gemacht wird. In der typischen Lesart werden die Key-Results so definiert, dass sie a) eindeutig messbar sind und b) nicht erreichbar scheinen. Eine sehr gute Zielerreichung läge demnach bei ca. 60 % des Zielwerts. Die Idee dahinter ist, dass so hin und wieder Dinge doch möglich werden, die erst unmöglich schienen.

Operating System (OS)

siehe → ***Betriebssystem***

Organisation

Im Kontext der Arbeit meinen wir hiermit vor allem zwei Dinge: Zum einen ist eine Organisation eine Gruppe (> 1 Person), die ein gemeinsames Ziel oder Interessen verfolgt und in der es daher wichtig ist, dass ihre Mitglieder sich organisieren. D. h. Organisation in diesem Sinne ist für uns alles vom Zusammenschluss zweier Freunde, die eine Veranstaltung organisieren wollen, bis hin zum multinationalen Konzern mit Zehntausenden Beschäftigten. Dieser Konzern ließe sich nun wiederum in viele Teil-Organisationen unterteilen. Zum anderen verwenden wir das Wort Organisation: um die Art und Weise zu beschreiben, *wie* sich eine Gruppe von Menschen organisiert: z. B. hierarchisch vs. → ***selbstorganisiert***. Beide Blickwinkel in einem Satz sähen z. B. so aus: Eine Organisation zu organisieren ist eine Herausforderung, die mit zunehmender Größe der Organisation steigt.

Predict and control

siehe → ***Mindset***

Proaktives Handeln

Proaktives Handeln beschreibt in Abgrenzung zu rein reaktivem Handeln ein vorausplanendes, zielgerichtetes Handeln. Reine Aktivität ist nicht zwingend zielgerichtet, Proaktivität hingegen schon. Populär wurde der Begriff durch Stephen Coveys Buch *Die 7 Wege zur Effektivität (engl. The 7 Habits Of Highly Effective People)*. Verwendet wurde der Begriff jedoch schon von Viktor Frankl in den 1940er Jahren. Er beschrieb damit eine bewusste Steuerung des eigenen Verhaltens, mit der das Reiz-Reaktions-Schema durchbrochen wird. Letzteres bedeutet, dass eine Person in erster Linie handelt, indem sie auf äußere Reize reagiert.

Prioritäten

Lat. prior = der Vordere. Priorität bezeichnet eine Sache, die Vorrang hat. Der Begriff kannte ursprünglich keinen Plural. Im Kontext der Arbeit bedeuten Prioritäten meist, dass eine kleine Zahl an Handlungsfeldern und/oder → *Zielen* festgelegt wird, auf die alle Aufmerksamkeit fokussiert werden soll. Dass der Begriff eigentlich nur den Singular kennt, meist aber im Plural verwendet wird, verdeutlicht die Herausforderung, die in ihm steckt: Gerade in Zeiten von Komplexität und täglich neuen Möglichkeiten ist es schwierig, sich auf eine oder wenige Sachen zu beschränken.

Prototyp

Im Kontext der Zusammenarbeit wird hiermit ein erster Vorschlag bezeichnet, der weiter überarbeitet wird. Allgemeiner gesprochen: eine nicht perfekte Version einer Sache, die stetig weiterentwickelt werden soll. Insofern bezeichnen manche Autoren sogar alles als ständigen Prototyp, wenn gewünscht ist, konstante Weiterentwicklung zum Teil einer Kultur zu machen.

Purpose

Auf Deutsch Sinn und Zweck, Daseinsgrund, Bestimmung. Weil die deutsche Übersetzung einfach nicht so gut beschreibt, worum es bei dem Begriff geht, nutzen viele Menschen das englische Wort Purpose. Die Frage nach dem Purpose hilft Organisationen dabei, darüber nachzudenken, warum sie in der Welt sind. Das kann sich jeder individuell fragen (Wofür bin ich in dieser Welt? Welchen Beitrag möchte ich leisten?), aber auch Teams entwickeln einen gemeinsamen Purpose (Wofür wird dieses Team gebraucht? Was ist sein Auftrag?). Der Purpose einer Organisation ist der große gemeinsame Nenner und Motor (Wofür gibt es diese Organisation? Welchen Unterschied wollen wir bewirken?).

Pyramide

Wird als vereinfachendes Bild verwendet, um ein hierarchisches Organisationsprinzip zu stilisieren. In einer Pyramide gibt es klare Hierarchiestufen, denen Menschen zugeordnet sind, wo stets klar ist, wer über wem steht und wer entsprechend weisungsbefugt und weisungsempfangend ist. Etwas komplizierter wird es in der → *Matrix-Organisation*. Beiden gemein ist das Bild einer klaren, personengebundenen Hierarchie, in der immer klar ist, wer wessen Chef*in und Chefchef*in ist.

Reinventing Organizations

Ein Buch vom belgischen Autor Frédéric Laloux aus dem Jahr 2014 , das in der → *New-Work*-Szene oftmals als Meilenstein zitiert wird. Das Buch beschreibt zum einen eine Reihe von Fallstudien: Organisationen, die laut Laloux grundsätzlich anders arbeiten als traditionell hierarchische Unternehmen. Zum anderen stellt Laloux seine Theorie vor, dass die Unterschiedlichkeit der von ihm untersuchten Organisationen in drei wesentlichen Merkmalen besteht: Sie verwenden Formen der → *Selbstorganisation*, erlauben es den Menschen, sich ganz als sie selbst am Arbeitsplatz zu zeigen (*wholeness*) und organisieren sich um einen evolutionären → *Sinn*.

Ressourcen

Die Mittel, die z. B einer Organisation zur Verfügung stehen, um ihre → *Ziele* zu erreichen. Im Kontext der Arbeit sind hier oft finanzielle Mittel gemeint, aber z. B. auch Wissen und Fähigkeiten, auf die zurückgegriffen werden kann. In der → *BWL* werden diesen Ressourcen auch die → *Menschen* in der Organisation zugerechnet, was sich im Begriff der → *Human Resources* manifestiert hat. Ein möglichst effektiver Einsatz von Ressourcen ist oftmals das Ziel und Gegenstand der → *Strategie*arbeit.

Rollen

Rollen sind in vielen Organisationsmodellen ein Konzept, mit dem sich → *Verantwortung* in klar abgegrenzte Bereiche unterteilen und dann Menschen zuordnen lässt. In → *Holacracy* sind Rollen beispielsweise sinnhafte Cluster von → *Accountabilities*, die ständig verändert und erweitert werden. Eine Rolle setzt sich in der einfachsten Variante zusammen aus einem Namen, einem Sinn und Zweck und mindestens einer Verantwortlichkeit, also einer wiederkehrenden Handlung, die in dieser Rolle liegt (zum Beispiel »Kehrt den Hof«, »Stellt Arbeitszeugnisse aus«).

Scrum

Eine → *agile* Methode aus der Softwareentwicklung, die inzwischen auch in vielen anderen Bereichen Anwendung findet. Scrum verwendet einige wenige Regeln und drei standardmäßige → *Rollen*, um einen komplexen Prozess handhabbar zu machen. Diesem Vorgehen zugrunde liegt die Erkenntnis, dass sich Projekte ab einer gewissen Komplexität nicht mehr sinnvoll vorab planen lassen und dass es sinnvoller ist, sie über Zwischenziele zu steuern und möglichst viele Entscheidungen dem Urteilsvermögen der Beteiligten und der → *Selbstorganisation* zu überantworten.

Search Inside Yourself

Ursprünglich von Chade-Meng Tan bei Google entwickelt, ist Search Inside Yourself als Programm gedacht, das Menschen achtsamer, effektiver und glücklicher machen soll. Es zielt darauf ab, Menschen ins Hier und Jetzt, in die Präsenz und Zugewandtheit anderen gegenüber zu holen – um sie damit zur besseren Führungskraft und ganz allgemein glücklicher und erfolgreicher zu machen. Das Programm wurde speziell für den Unternehmenskontext entwickelt, die enthaltenen Übungen sind sehr niederschwellig und führen zu schnellen Erfolgserlebnissen.

Secretary

Auf Deutsch Schriftführer*in. In z. B. → *Holacracy* wird hiermit eine Rolle beschrieben, die einen Teil der klassischen Führungsverantwortung übernimmt, nämlich das Dokumentieren und Nachhalten, oftmals auch das Interpretieren von Arbeitsergebnissen, Vereinbarungen, Entscheidungen. Im Deutschen wird diese Rolle aufgrund der Nähe zum*zur Sekretär*in oftmals in ihrer Bedeutung unterschätzt. Wobei in diesem Zusammenhang oftmals auch die → *Macht* unterschätzt wird, die Sekretär*innen in traditionellen Organisationen haben.

Selbstorganisation

Im Kontext von → *New Work* werden damit Arten der Zusammenarbeit beschrieben, die keiner Top-down-Planung und -Kontrolle folgen und nicht auf einer starren Hierarchie basieren. Systeme steuern sich damit aus sich selbst heraus. Verantwortlichkeiten und Entscheidungsmacht sind transparent und kompetenzbasiert. Maßgabe für eine funktionale Selbstorganisation ist oftmals die Ausrichtung auf ein klares gemeinsames Ziel (siehe auch → *Definition of Done*), der sich alle Entscheidungen unterordnen und der auch die Organisationsprinzipien untergeordnet sind (»Gut ist, was dem → *Purpose* dient«).

Sense and respond

siehe → *Mindset*

Sicherheitsbedenken

Oftmals auch als *schwerwiegender Einwand* bezeichnet. Ein Mitglied einer Gruppe erhebt ein Veto, ist also der Meinung, eine → *Entscheidung* könne, so wie vorgeschlagen, nicht getroffen werden, weil sonst Schaden entstehe. Eine kritische Sicht auf den Vorschlag oder das Vorhandensein eigener, vielleicht besserer Ideen gelten nicht als Sicherheitsbedenken. In → *Holacracy* werden Einwände oft mit der Frage getestet: *Is it safe enough to try?* Falls die Antwort ja lautet, bedeutet das, es gibt keinen (schwerwiegenden) Einwand.

Sinn

Siehe auch → *Purpose*. Eines der vielen Beispiele, an denen sich zeigen lässt, dass es in einer internationalen Arbeitswelt gar nicht so einfach ist, vollständig in der eigenen Muttersprache zu bleiben: Der deutsche Sinn hat viele Aspekte, Menschen suchen Sinn, eine Sache kann einen Sinn ergeben, es gibt Sinngehalt und Sinnloses. Das Wort kann sehr pragmatisch gemeint sein, aber auch spirituell. Der englische Cousin des Sinns, der → *Purpose* wiederum, hat ebenfalls viele Bedeutungen. Im Kontext der Arbeit lässt er sich beispielsweise mit dem etwas altmodischen deutschen Begriff *Seinszweck* oder auch *Daseinsgrund* übersetzen. Purpose klingt etwas hipper und wird von den meisten Menschen diesen deutschen Wortungeheuern vorgezogen.

Soziokratie

Im 20. Jahrhundert in den Niederlanden entwickeltes Organisationsmodell, auf das sich → *Holacracy* als Weiterentwicklung in weiten Teilen stützt. Die Soziokratie führt unter anderem das → *Kreismodell* ein, verwendet den → *Konsent* als Entscheidungsprinzip und die → *doppelte Verknüpfung* zwischen Kreisen.

Spannung

Der deutsche Begriff Spannung hat – anders als das englische Wort *tension* – oft eine negative Konnotation. Wir meinen allerdings eine neutrale bzw. positiv nutzbare Spannung im physikalischen Sinn: eine Spannung im Sinn eines Energiepotenzials, das noch nicht freigesetzt wurde. Alle Menschen tragen ständig Spannungen in sich, beispielsweise in Form von Ideen, Fragen oder Emotionen. Alle diese Spannungen können als Treibstoff der Veränderung genutzt werden, indem sie über → *proaktives Handeln* in kleine Veränderungen übersetzt werden. Daher empfehlen wir, Spannungen jeglicher Art als etwas Positives zu sehen, das immer verarbeitet und in sinnvolle Änderungen übersetzt werden kann.

Spiral Dynamics

Spiral Dynamics ist ein Entwicklungsmodell, das verschiedene Stufen des menschlichen Bewusstseins und dazugehörige Wertesysteme, Lebensstile und Weltanschauungen postuliert. Das Modell besagt, dass mit zunehmendem Fortschreiten der Menschheitsgeschichte immer neue Stufen hinzukommen. Die Wertesysteme und Lebensstile jeder Stufe entstehen durch die spezifischen Lebensbedingungen und Probleme, an die sich die Menschen zu einer bestimmten Zeit anpassen müssen. Auch für Organisationen ergeben sich für jede Stufe typische Formen der Zusammenarbeit, vom reinen Recht des Stärkeren über starr hierarchische Organisationen bis hin zu netzwerkartig, dezentralen Organisationen.

Sprache

Das wichtigste Werkzeug, das wir → *Menschen* besitzen, seitdem wir weitestgehend aufgehört haben, uns gegenseitig mit Keulen zu erschlagen. Manche Autor*innen gehen so weit zu sagen, dass die Arbeit der meisten Organisationen ausschließlich aus Sprache besteht: Die Menschen in ihnen sitzen in Meetings, in denen gesprochen wird, sie kommunizieren über E-Mails, Präsentationen, neuerdings auch über digitale Tools wie Slack. Mit Maschinen kommunizieren sie über Code, also Programmiersprache. Ob unsere Arbeit nun zu 50, 80 oder 100 Prozent aus Sprache besteht, in jedem Fall scheint es sich zu lohnen, ihr ein gewisses Augenmerk zu schenken und einen → *achtsamen* Sprachgebrauch zu kultivieren.

Stakeholder*innen

Jede Person, jede Gruppe von Personen und ggf. auch jede nicht menschliche Instanz, die ein Interesse an einer bestimmten Sache hat. Im Kontext der Arbeit sind Stakeholder*innen jene Personen, die von einer Sache betroffen sind und/oder dieser Sache (z. B. eine Initiative, ein Projekt) nützen oder schaden können. Von Stakeholder*innen-Management wird im Kontext der Arbeit gesprochen, wenn gezielt relevante Akteur*innen abgeholt und eingebunden werden sollen. In einem Transformationsprojekt ist es beispielsweise sinnvoll, sich vorab klarzumachen, welche Personen und Personengruppen wichtig für das Gelingen des Projekts sind. Das ist wichtig, um sie zu → *managen*, also sie so mit Informationen zu versorgen, dass sie sich dem Projekt möglichst zuträglich verhalten.

Storytelling

Auf Deutsch Geschichten erzählen. Storytelling heißt in der Regel, dass gezielt überzeugende Geschichten erzählt werden, um Menschen von einer Sache zu überzeugen bzw. für sie zu begeistern. Gelegentlich wird behauptet, dass diese Art der Kommunikation deshalb funktioniert, weil sich die Weitergabe von Wissen in Form von Geschichten in der menschlichen Evolution als effektives Kommunikationswerkzeug durchgesetzt hat. Kritiker*innen führen ins Feld, Storytelling könne leicht zur Manipulation von Menschen eingesetzt werden, weil überzeugend erzählte Geschichten unabhängig von ihrem Wahrheitsgehalt als glaubwürdig eingeschätzt werden.

Strategie

Ursprünglich aus dem militärischen Kontext ist mit Strategie im Kontext von Organisationen meist gemeint, dass ein längerfristiger Plan aufgestellt wird, um sicherzustellen, dass das Unternehmen erfolgreich ist. Häufig werden hierzu → *Ziele* formuliert, → *Prioritäten* festlegt, es wird → *Storytelling* genutzt, um eine motivierende Geschichte zu erzählen. Im Kontext neuer Arbeit hat Strategiearbeit weiterhin eine Rolle, sie erfolgt jedoch oft weniger in Form von langfristigen Planungen und Meilensteinplänen, sondern z. B. mithilfe von Systemen wie → *OKR* oder durch die Definition von strategischen → *Heuristiken.* Wichtig ist dabei, dass ein klar definierter → *Purpose* Strategiearbeit nicht ersetzt. Der Purpose informiert über ein langfristiges, unerreichbares Ziel, gibt jedoch keine Antwort auf die Frage, welche Ziele kurz- und mittelfristig die richtigen sind. Fehlt die Festlegung auf letztere, besteht das Risiko, dass Unternehmen sich verzetteln und die Teile der Organisation in verschiedene Richtungen zielen.

Sync-Meeting

Angelehnt an das Tactical-Meeting aus → *Holacracy* meinen wir hiermit ein operatives Meeting, das der schnellen und effektiven Synchronisation (daher Sync) dient: Hier werden Informationen ausgetauscht, nächste Schritte definiert und Spannungen gelöst, die auf operativer Ebene am Arbeiten hindern. Ein Sync-Meeting ist schnell und mit einem Fokus auf nicht perfekte Ergebnisse, in dem Wissen, dass alle Themen, die angerissen werden, im Nachgang des Meetings weiter vertieft werden können. Üblicherweise wird das Meeting moderiert von einem → *Facilitator*.

Teal

Auf Deutsch petrol(farben). Frédéric Laloux beschreibt in seinem Buch *Reinventing Organizations* verschiedene Stufen organisationaler Entwicklung. Die derzeit höchstentwickelte Stufe nennt er *teal*. Organisationen dieser Gruppe zeichnen sich laut Laloux durch drei Dinge aus: Erstens erlauben sie es den → *Menschen* in ihnen, sich ganz als Menschen zu zeigen und nicht nur in ihren professionellen → *Rollen*. Zweitens ist das Herz dieser Organisationen ein evolutionärer → *Sinn*, um den herum sie sich organisieren. Drittens verwenden sie irgendeine Form der → *Selbstorganisation*, d. h. sie haben einen Weg gefunden, wie → *Teams* und Individuen autonom und eigenständig arbeiten können.

Team

Ein Team ist eine Gruppe von Menschen, die ein gemeinsames Ziel verfolgen und gemeinsam darauf hinarbeiten, dieses Ziel zu erreichen. In → *organisationaler* Hinsicht besteht ein Team aus Rollen, die Teile der → *Verantwortung* repräsentieren, die im Team getragen wird. Zugleich besteht ein Team natürlich aus Menschen, die wiederum komplexe Beziehungen zueinander haben. Betrachtet werden diese Beziehungen z. B. im → *Beziehungsraum*.

Verantwortung

Ein großes Wort, im Kontext der Arbeit oft ohne genaue Bedeutung. Was heißt es, verantwortlich für eine Sache zu sein (z. B. ein Projekt oder einen Bereich)? Wie genau wird Verantwortung abgegrenzt und definiert? Diese Fragen genau zu beantworten, macht es einfacher, zusammenzuarbeiten. Eine Möglichkeit, Verantwortung festzulegen und abzugrenzen, besteht darin, sie in → *Rollen* zu bündeln (siehe auch → *Accountabilities*) und diese den → *Menschen* in der Organisation zuzuweisen. In hierarchischen Organisationen wird Verantwortung oft synonym mit → *Macht* gesehen, die gebündelt in der Spitze einer → *Pyramide* liegt und von dort aus delegiert werden kann.

Wahl

Wie in der Politik können in Organisationen jeder Art Wahlen genutzt werden, um → *Rollen* mit Personen zu besetzen. In der Regel erhält in einer Wahl jede Person in einem bestimmten Kreis eine Stimme und kann diese an eine Person vergeben. In der Politik werden oft geheime Wahlen verwendet, in → *Holacracy* ist die Wahl offen, jede Stimme soll begründet werden, und nachdem alle Stimmberechtigten alle Begründungen gehört haben, können sie sich nochmals umentscheiden. Üblicherweise muss eine Wahl erst angenommen werden, um wirksam zu werden.

Win-win-Lösungen

Eine Win-win-Lösung liegt immer dann vor, wenn es in einer Sache keine*n Verlierer*in, sondern nur Gewinner*innen gibt. Das ist allerdings nur möglich, wenn die Beteiligten bereit sind, von festen Meinungen abzurücken und nach alternativen Pfaden zu suchen, die beschritten werden können. Das Denken in Win-win-Lösungen wird häufig als Teil des Paradigmenwechsels genannt: von stark hierarchisch geprägten → *Organisationen* zu dezentraleren, weniger → *ego*lastigen Organisationen der Zukunft.

Ziele

Allgemein gesprochen sind Ziele immer Aussagen darüber, was in Zukunft erreicht werden soll. Ziele helfen dabei, Verhalten so zu fokussieren, dass es einer angestrebten Sache dient. Gerade in Organisationen mit vielen Mitgliedern sind sie ein wichtiges Element, um Reibungsverluste zu reduzieren. Je klarer ein Ziel, desto besser lässt sich darauf hinarbeiten. Gerade in → *agilen*, beweglichen Organisationen, die in komplexen Umfeldern agieren, müssen Ziele immer wieder angepasst werden. Genauso müssen die Ziele verschiedener Organisationsteile synchronisiert werden. Voraussetzung dafür ist, dass es auf der Ebene der Gesamtorganisation klare Ziele gibt.